KB094344

틈만 나면 보고 싶은
**융합 과학 이야기**

# 꼼짝 마, 과학 수사!

틈만 나면 보고 싶은 융합 과학 이야기

# 꼼짝 마, 과학 수사!

**초판 1쇄 인쇄** 2016년 11월 25일
**초판 1쇄 발행** 2016년 12월 2일

**글** 박기원 | **그림** 김잔디 | **감수** 구본철

**펴낸이** 이욱상 | **편집팀장** 최은주 | **책임편집** 최지연
**표지 디자인** 김국훈, 박지미 | **본문 편집 · 디자인** 구름돌
**사진 제공** Getty Images/이매진스, 박기원

**펴낸곳** 동아출판㈜ | **주소** 서울시 영등포구 은행로 30(여의도동)
**대표전화**(내용 · 구입 · 교환 문의) 1644-0600 | **홈페이지** www.dongapublishing.com
**신고번호** 제300-1951-4호(1951. 9. 19.)



ISBN 978-89-00-40983-3 74400 . 978-89-00-37669-2 74400 (세트)


* 이 도서의 국립중앙도서관 출판사도서목록(CIP)은 e-CIP 홈페이지(http://www.nl.go.kr)에서 이용하실 수 있습니다.

틈만 나면 보고 싶은
**융합 과학 이야기**

# 꼼짝 마, 과학 수사!

글 박기원 그림 김잔디
감수 구본철(전 KAIST 교수)

동아출판

# 미래 인재는 창의 융합 인재

이 책을 읽다 보니, 내가 어렸을 때 에디슨의 발명 이야기를 읽던 기억이 납니다. 그때 나는 에디슨이 달걀을 품은 이야기를 읽으면서 병아리를 부화시킬 수 있을 것 같다는 생각도 해 보았고, 에디슨이 발명한 축음기 사진을 보면서 멋진 공연을 하는 노래 요정들을 만나는 상상을 하기도 했습니다. 그러다가 직접 시계와 라디오를 분해하다 망가뜨려서 결국은 수리를 맡긴 일도 있었습니다.

지금 와서 생각해 보면 어린 시절의 경험과 생각들은 내 미래를 꿈꾸게 해 주었고, 지금의 나로 성장하게 해 주었습니다. 그래서 나는 어린 학생들을 만나면 행복한 것을 상상하고, 미래에 대한 꿈을 갖고, 꿈을 향해 열심히 도전하고, 상상한 미래를 꼭 실천해 보라고 이야기합니다.

어린이 여러분의 꿈은 무엇인가요? 여러분이 주인공이 될 미래는 어떤 세상일까요? 미래는 과학기술이 더욱 발전해서 지금보다 더 편리하고 신기한 것도 많아지겠지만, 우리들이 함께 해결해야 할 문제들도 많아질 것입니다. 그래서 과학을 단순히 지식으로만 이해하는 것이 아니라, 세상을 아름답고 편리하게 만들기 위해 여러 관점에서 바라보고 창의적으로 접근하는 융합적인 사고가 중요합니다. 나는 여러분이 즐겁고 풍요로운 미래 세상을 열어 주는, 훌륭한 사람이 될 것이라고 믿습니다.

동아출판 〈틈만 나면 보고 싶은 융합 과학 이야기〉 시리즈는 그동안 과학을 설명하던 방식과 달리, 과학을 융합적으로 바라볼 수 있도록 구성되었습니다. 각 권은 생활 속 주제를 통해 과학(S), 기술공학(TE), 수학(M), 인문예술(A) 지식을 잘 이해하도록 도울 뿐만 아니라, 과학 원리가 우리 생활을 편리하게 해 주는 데 어떻게 활용되었는지도 잘 보여 줍니다. 나는 이 책을 읽는 어린이들이 풍부한 상상력과 창의적인 생각으로 미래 인재인 창의 융합 인재로 성장하리라는 것을 확신합니다.

전 카이스트 문화기술대학원 교수 구본철

◀ 작가의 말 ▶

# 과학 수사에서 배우는 신기한 지식의 세계

"뛰는 범인 위에 나는 과학 기술이 있다."

범죄 수법이 아무리 정교해지고 첨단화되어도 범인을 잡을 수 있는 방법 또한 반드시 개발되게 마련이에요. 과학 기술이 발전하면서 범인을 밝히는 분석 기술 또한 많이 발전했는데, 그 안에는 우리가 미처 알지 못했던 신기한 과학적 원리들이 숨어 있지요.

과학 수사 요원을 꿈꾸는 똑똑이, 씩씩이, 꼼꼼이는 과학 수사의 대가인 셜록 홈스 박사를 찾아가 과학 수사와 관련된 많은 이야기를 들어요.

첫 번째로 사람의 몸과 관련된 과학 이야기를 들어요. 범죄는 사람이 저지르기 때문에 과학 수사에서는 사람의 몸과 관련된 것이 제일 중요해요. 뼈와 머리카락같이 몸을 이루는 것, 똥과 오줌 같은 배설물, 몸속 기관 그리고 생각까지도 모두 증거가 될 수 있다는 것을 알게 되지요.

두 번째로 과학 수사와 관련된 수학 이야기를 들으며 사람이 죽은 시간, 심장 박동 수, 범죄 현장에 떨어진 머리카락 수 등을 계산하는 방법을 알게 되지요.

세 번째로 현재 사용하는 과학 수사 기술에 대한 이야기를 들어요. 현미경부터 최첨단 기술까지 과학 수사에 쓰이는 도구와 기술을 알게 되지요.

마지막으로 과학 수사 요원이 되고 싶은 친구들이 꿈을 펼칠 수 있는 과학 수사 기관에 대한 이야기를 들어요. 그리고 앞에서 배운 지식을 바탕으로 가상의 사건을 직접 조사하는 경험도 하지요.

여러분은 이 책을 읽으며 여러 가지 과학 수사 분석 기술의 원리와 함께 재미있는 지식의 세계를 새롭게 체험할 수 있을 거예요.

자, 이제 어린이 탐정단과 셜록 홈스 박사와 함께 신비한 과학 수사의 세계로 떠나 보아요.

박기원

# 차례

CONTENTS

## 3장 첨단 도구와 기술을 사용해

## 4장 과학 수사 요원이 될 거야

출입 금지 - POLICE LINE - 수사 중

1장

# 증거를 놓치면 안 돼!

# 셜록 홈스 박사를 만나다

우리나라에서는 18초에 한 건씩 범죄가 일어나고 있다. **끔찍한** 범죄! 이렇게 자주 일어나는 범죄를 저지른 범인을 잡으려면 무엇이 필요할까? 그건 바로 과학 수사! 과학 수사는 범죄 수사에 과학적 지식과 기술, 장비를 이용하는 수사 방법이다.

한동네에 사는 똑똑이, 씩씩이, 꼼꼼이는 과학 수사에 관심이 많고, 커서 과학 수사 요원이 되고 싶어 한다. 그래서 셋이 모여 어린이 탐정단을 만들었다. 어린이 탐정단은 주변에서 일어나는 여러 가지 범죄나 사건이 어떻게 해결되는지 알고 싶어서 과학 수사 분야에서 수십 년 동안 일하며 수많은 어려운 사건을 해결한 셜록 홈스 박사를 찾아가기로 했다.

홈스 박사와 약속한 날, 어린이 탐정단은 부푼 마음으로 홈스 박사의 사무실에 들어갔다. 사무실 안에는 과학 수사와 관련된 여러 가지 물건이 많이 있었다.

"박사님, 안녕하세요? 저희는 어제 전화드린 과학 수사 요원을 꿈꾸는 어린이 탐정단이에요."

어린이 탐정단이 홈스 박사에게 깍듯이 인사했다.

"어서들 와라. 만나서 반가워! 훌륭한 어린이 탐정들과 과학 수사에 대해 이야기하게 되어서 정말 기쁘구나."

"저희를 만나 주셔서 감사해요. 저희들은 과학 수사에 대해 궁금한 게 정말 많아요. 재미있는 이야기를 많이 들려주실 거죠?"

"그럼, 당연하지. 재미난 이야기를 아주 쉽게 설명해 줄게."

"와, 기대된다. 빨리 듣고 싶어요."

똑똑이가 눈을 초롱초롱 빛내며 말했다.

"그럼 이제부터 무엇이 증거가 되고, 어떤 방법으로 증거를 분석하고, 어떻게 범인을 찾는지 **과학 수사의 세계**로 들어가 볼까?"

"네, 박사님!"

어린이 탐정단은 신이 나서 한목소리로 대답했다.

# 우리 몸을 살펴라

"과학 수사는 사건 현장을 조사하는 것에서 시작해. 사건 현장에는 범인의 흔적이 남아 있기 때문에 사건 현장을 꼼꼼하고 체계적으로 조사하는 게 아주 중요하단다."

"그렇군요. 그런데 누가 사건 현장을 조사하나요?"

씩씩이가 재빨리 질문했다.

"과학 수사대 수사관과 현장 감식 조사관들이야. 범죄가 일어나면 수사관이나 현장 감식 조사관은 보호복과 장갑, 마스크 등을 착용하고 현장을

조사해서 범인과 관련된 여러 가지 증거를 수집한단다."

"사건 현장을 어떻게 조사해요?"

"과학 수사대는 사건 현장에 도착하면 먼저 응급 상황이 있는지 확인하고, 현장이 훼손되는 것을 막기 위해 출입 **금지선**을 쳐. 또 사건 현장을 촬영하고, 현장과 그 주변을 꼼꼼하게 조사해서 증거를 수집해. 목격자가 있으면 목격자의 이야기도 듣고."

사건 현장을 조사할 때는 위아래가 붙은 보호복과 수술용 장갑, 덧신, 마스크를 착용해 증거물이 오염되지 않게 한다.

"사건 현장에서 할 게 참 많네요. 그런데 사건 현장에는 증거가 많이 남아 있나요? 증거가 중요할 텐데."

홈스 박사의 말을 집중해서 듣고 있던 똑똑이가 물었다.

"사건 현장에는 범인의 신체적 흔적뿐만 아니라 행동에 의해 생긴 흔적들이 남아 있단다. 이런 흔적들이 증거가 되는데, 증거를 잘 찾으려면 우리 몸에 대해 잘 알아야 해. 증거는 아는 만큼만 찾을 수 있거든. 또 모든 범죄는 사람이 저지르기 때문에 사람 몸과 관련된 것을 잘 알면 범인을 잡는 데 많은 도움이 된단다."

"과학 수사에서 우리 몸이 그렇게 중요한가요?"

꼼꼼이가 고개를 갸웃거리며 물었다.

"중요하고말고. 과학 수사의 중심은 사람의 몸이라고 할 수 있어. 사람 몸은 범인을 증명할 수 있는 정보를 많이 가지고 있거든."

"어떤 정보를 가지고 있는데요?"

"이제부터 알려 줄 건데 그 전에 질문을 하나 할게. 우리 몸에서 과학 수사의 증거가 될 만한 것에는 무엇이 있을까? 누가 대답해 볼래?"

홈스 박사의 질문에 똑똑이가 손을 들며 대답했다.

"저요, 저요! 범죄 현장에서 흔히 볼 수 있는 피요."

"그래, 맞아. 피는 중요한 증거물 중 하나지. 범죄 현장에는 그것 외에도 사람 몸과 관련된 증거가 많단다."

"박사님, 증거에 대해 좀 더 자세히 말씀해 주세요."

씩씩이가 떼쓰듯이 말했다.

"범죄와 관련된 사실을 밝힐 수 있는 모든 것이 증거인데, 물적 증거와 인적 증거로 나눌 수 있어. 물적 증거는 눈에 보이는 형태가 있는 증거로 증거물이라고도 해. 인적 증거는 피해자나 목격자의 말처럼 말로 표현된 증거를 말해. 물적 증거는 사람의 몸에서 나온 것이 많단다. 생체 조직, 피, 머리카락뿐만 아니라 침, 콧물, 눈물 등도 증거물이 되지."

"콧물과 눈물도 증거물이 된다고요? 모든 사람의 콧물과 눈물은 똑같아 보이는데 어떻게 증거물이 되지요?"

"사람의 콧물과 눈물에는 생명체를 이루는 기본 단위인 세포가 들어 있어. 그런데 세포에는 그 사람만의 유전 정보를 담고 있는 유전자가 있어서 이것을 분석하면 범인을 잡을 수 있지. 유전자 분석은 나중에 다시 설명해 줄게."

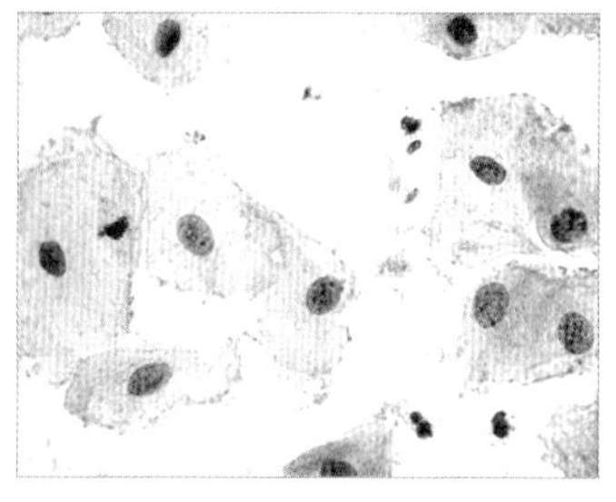

사람의 입 안 세포의 모습이다.
세포에는 유전자가 있어 범인을 잡는 데 중요한 증거가 된다.

"와, 콧물과 눈물로 범인을 잡을 수 있다니 **대단하네요!**"

"사건 현장에서 찾을 수 있는 증거는 기술이 발전할수록 더 다양해지고 있어. 불과 십여 년 전만 해도 분석이 불가능해서 증거가 되지 못했던 것들이 이제는 분석이 가능해 증거가 되고 있단다. 증거가 많을수록 범인을 찾을 가능성이 높아지지."

"증거 분석 기술이 더 발전해서 모든 범죄 사건을 해결하면 좋겠네요."

# 사람의 신원을 알려 주는 뼈

"과학 수사를 하려면 우리 몸의 뼈에 대해서도 잘 알아야 한단다."

"뼈가 과학 수사와 무슨 상관이 있어요?"

꼼꼼이가 조심스럽게 물었다.

"과학 수사와 뼈의 관계에 대해 말하기 전에 먼저 우리 몸에서 뼈가 어떤 역할을 하는지 알아보고 넘어가는 게 좋을 것 같구나."

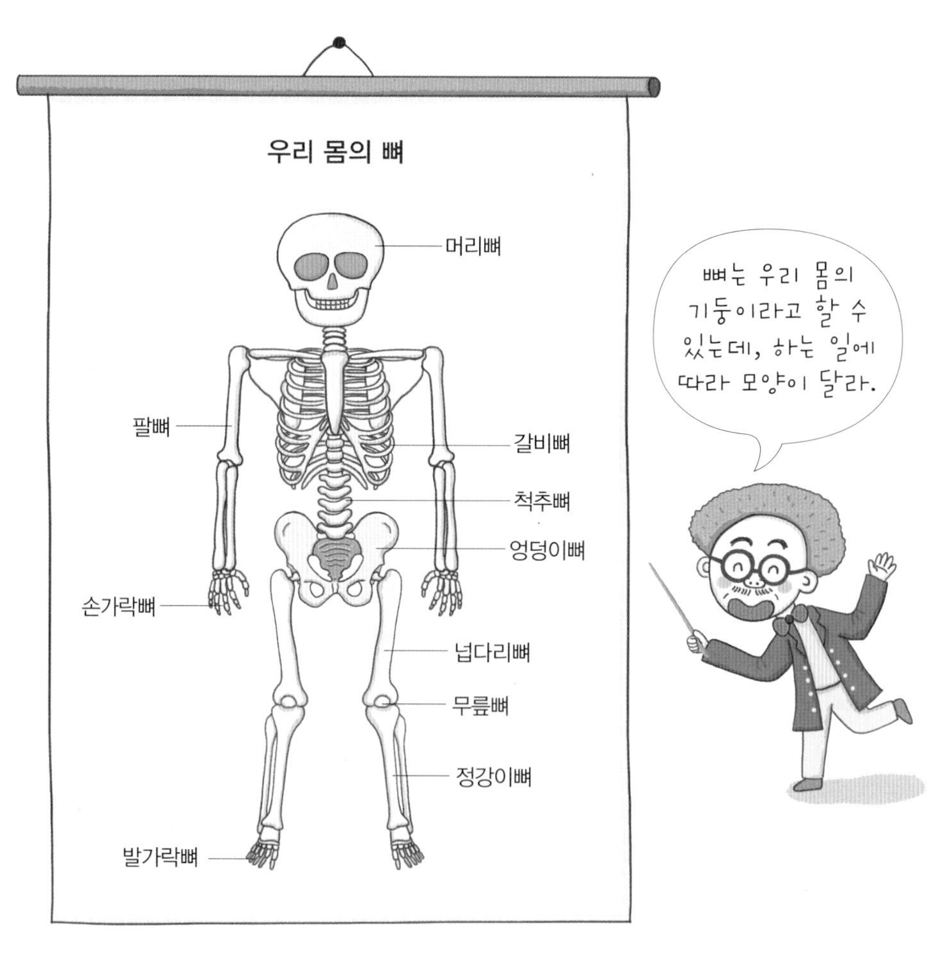

"네, 박사님이 설명해 주세요. 학교에서 배우기는 했지만 범인을 찾아내려면 더 자세히 알아야 하니까요. 히히!"

"우리 몸을 이루는 가장 기본적인 것이 뼈와 근육인 것은 알고 있지? 성인의 몸은 206개의 뼈로 이루어졌고, 이 뼈들은 대부분 쌍을 이루거나 무리를 이루고 있어. 뼈는 우리 몸에서 네 가지 중요한 역할을 한단다. 첫 번째는 우리 몸을 받쳐 주는 역할이야. 건물로 생각하면 기둥에 해당되지. 기둥이 없이는 건물이 설 수 없듯이 우리 몸도 뼈가 없으면 설 수 없고 문어나 해삼처럼 흐느적거릴 거야."

"뼈는 무거운 몸을 항상 받치고 있으니까 매우 힘들겠어요. 몸무게가 많이 나갈수록 뼈는 더욱 힘들겠죠? 뼈를 생각해서라도 살을 빼야 하는데……."

씩씩이가 자기 몸을 위아래로 보며 말했다.

"그렇지. 몸무게가 많이 나가면 뼈가 몸을 지탱하기가 더 힘들 거야. 씩씩이 너도 몸무게를 줄여서 뼈의 수고를 좀 덜어 주면 어떨까?"

홈스 박사가 말하자 꼼꼼이가 킥킥거렸다.

"킥킥! 그래서 씩씩이 네가 매일 그렇게 움직이기 힘들어했구나!"

"아마 내 뼈는 다른 사람 뼈보다 튼튼할 거야. 무거운 내 몸을 지탱하고 있으니까. 하하!"

씩씩이가 손으로 다리를 만지며 말했다.

"뼈의 두 번째 역할은 뇌와 몸속의 기관을 **보호하는** 거란다. 머리뼈는 뇌를 보호하고, 갈비뼈는 심장과 폐 같은 몸속 기관을 보호하지."

"아! 그렇군요. 이것 말고 뼈가 또 어떤 역할을 하나요?"

"음, 세 번째로 뼈는 근육과 함께 우리 몸을 움직일 수 있게 해 줘. 뼈는 근육과 연결되어 있는데, 근육이 오므라들거나 늘어나면서 뼈

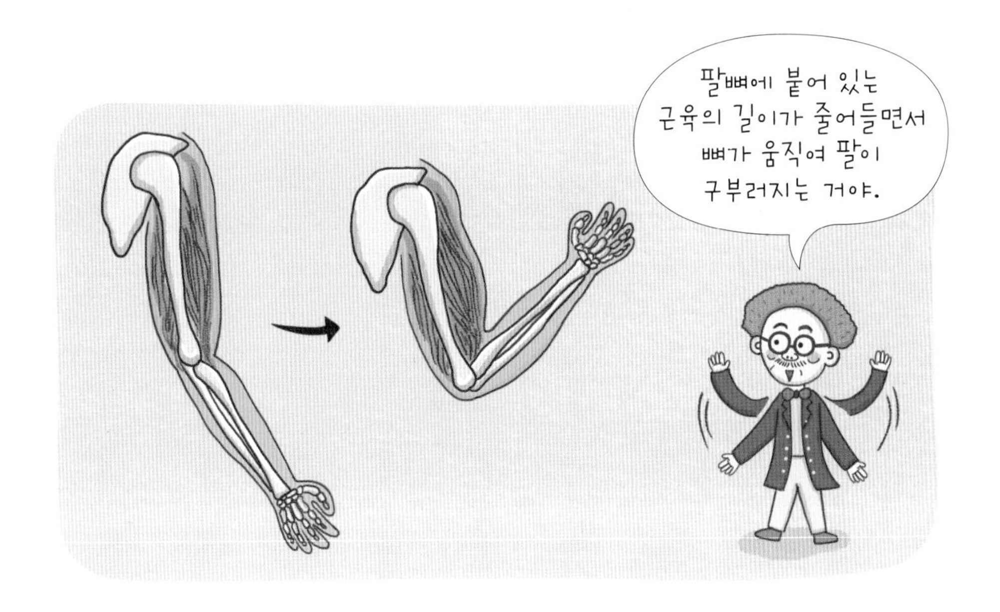


를 잡아당겨 몸을 움직이게 하지. 마지막으로 뼈는 피를 만들어 내. 너희들 골수라는 말을 들어 봤니? 골수는 뼈 속에 있는 부드러운 조직을 말하는데, 골수에서 피를 만들어 낸단다."

"와, 뼈는 정말 여러 가지 일을 하네요! 박사님, 그런데 뼈를 어떻게 과학수사에 이용하는 거예요?"

씩씩이의 질문에 홈스 박사가 미소 지으며 설명을 이어 갔다.

"아, 서론이 너무 길었구나! 범죄 사건 중에는 사람이 살해된 뒤 시간이 한참 지나 뼈만 남은 채 발견되는 경우가 있어. 이런 경우에는 뼈 주인이 누구인지를 알아내는 게 매우 중요한데, 뼈를 이용해 뼈 주인을 알아낼 수 있어. 뼈를 조사하면 죽은 사람의 키, 성별, 나이 등을 알 수 있고, 유전자를 검사할 수도 있거든."

"뼈만 보고 키와 성별을 알 수 있다고요?"

"그렇단다. 얘들아, 모두 일어나 볼래?"

홈스 박사의 말에 어린이 탐정단이 모두 일어나 **나란히** 섰다.

"자, 너희들 넓적다리를 서로 비교해 보렴. 키가 다른 것처럼 넓적다리 길이도 서로 다르지?"

"네, 그런 것 같아요."

어린이 탐정들이 서로의 넓적다리를 보며 대답했다.

"골반과 무릎 사이에 뻗어 있는 넓적다리의 뼈를 '넙다리뼈'라고 해. 넙다리뼈의 길이는 키와 연관이 많아서 뼈 주인의 키를 추측하는 데 중요한 역할을 하지. 팔, 다리, 몸통 등 신체 요소들은 서로 비례 관계인데, 그 비례를 따지면 넙다리뼈 길이로 키를 대략적으로 계산할 수 있어. 그리고 골반을 보면 뼈 주인이 남자인지 여자인지도 알 수 있어. 여자의 골반은 남자의 골반보다 넓고 가운데 구멍도 **크단다.**"

"그럼 제 골반이 꼼꼼이 것보다 좁겠네요?"

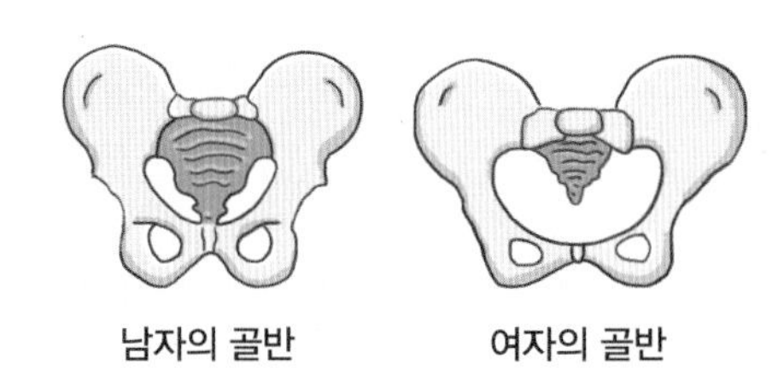


골반은 몸통 아래쪽을 이루는 뼈로, 여자는 아이를 낳기 때문에 남자보다 골반이 넓고 골반 구멍도 크나.

똑똑이의 질문에 홈스 박사가 고개를 끄덕였다.

"그런데 뼈에서 얻은 정보만으로 뼈 주인을 알 수 있나요?"

가만히 듣고 있던 꼼꼼이가 고개를 갸우뚱거리며 물었다.

"물론 뼈에서 얻은 정보만으로 뼈 주인을 알기는 어려워. 하지만 뼈를 분석해 얻은 뼈 주인의 나이, 키, 성별 등의 정보를 실종 신고가 된 사람들의 자료와 비교해서 일치하는 사람이 있는지 찾아보면 돼. 만약 일치하는 사람이 있다면 그 사람의 가족과 뼈의 유전자 검사를 통해 공통적인 유전자가 있는지를 확인하면 뼈 주인의 신원을 알아낼 수 있단다."

"실종 신고가 안 되었거나 가족이 없는 사람의 뼈라면 신원을 알 수 없겠네요?"

"그런 경우에는 머리뼈로 죽은 사람의 얼굴을 복원해서 복원한 얼굴을 텔레비전, 인터넷, 신문 등을 통해 알리고 아는 사람의 제보를 기다려. 누군가 복원한 얼굴을 알아보고 연락해 오면 그때 신원을 알 수 있게 되지."

"머리뼈로 얼굴을 복원할 수 있다니 신기하네요."

"우리 얼굴이 모두 다르게 생긴 것처럼 머리뼈도 사람마다 달라서 가능한 거지. 물론 머리뼈만으로 얼굴을 복원하는 것은 쉽지 않아. 성별, 나이, 건강 상태 등의 다른 정보도 있어야 정확하게 복원할 수 있단다."

"과학 기술이 정말 대단하네요."

# 죽음의 진실을 밝히는 폐

"너희들 혹시 폐가 **죽음의 진실**을 밝힌다는 이야기를 들어 봤니?"

"아니요. 폐는 숨 쉴 때 중요한 역할을 한다는 것만 알고 있어요."

꼼꼼이가 차분히 대답했다.

"그래, 폐는 우리 몸에 산소를 공급하는 중요한 기관이지. 그렇기 때문에 죽음의 진실을 밝힐 수 있는 거란다."

"폐가 어떻게 죽음의 진실을 밝히는데요?"

씩씩이가 궁금한 표정으로 물었다.

"그걸 알려면 먼저 우리 몸에서 폐가 어떤 일을 하는지 알아야 해. 우리

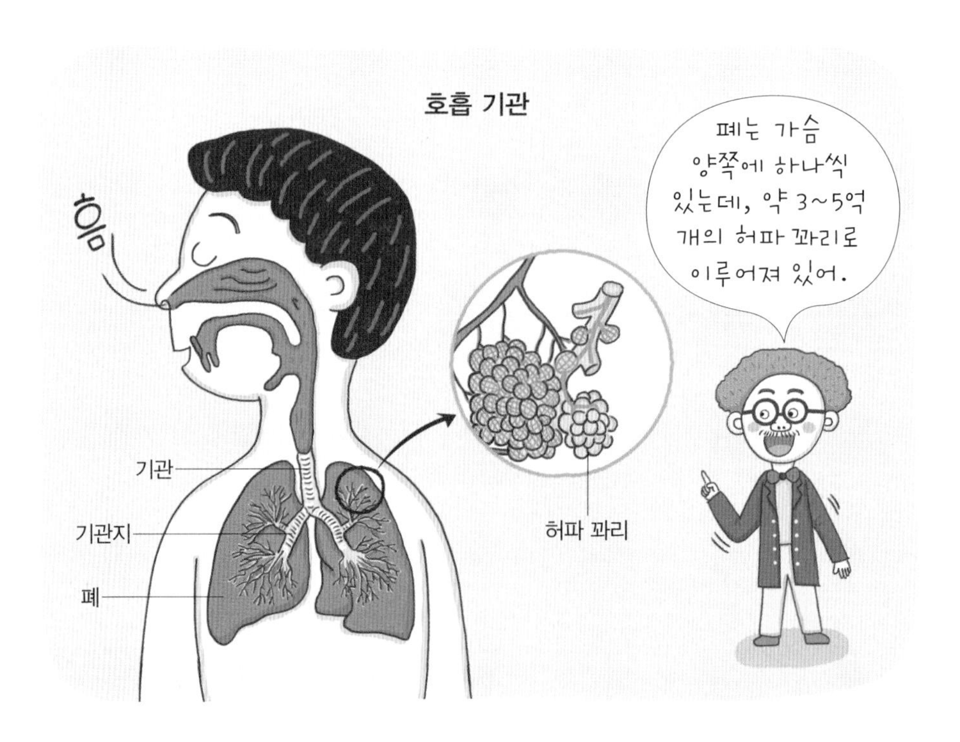

가 숨을 들이마시면 산소가 든 공기가 기관, 기관지를 거쳐 폐에 있는 허파 꽈리 안으로 들어와. 그러면 산소는 허파 꽈리를 둘러싼 혈관 속의 혈액에 녹아 들어가 온몸으로 전달되지. 그리고 우리가 숨을 내쉬면 몸 안에서 만들어진 필요 없는 이산화탄소는 몸 밖으로 내보내진단다."

"폐가 몸에서 정말 중요한 역할을 하는군요. 그런데 과학 수사에서는 어떤 역할을 하나요?"

"죽은 사람의 폐를 검사하면 어떻게 죽었는지를 알 수 있단다."

"폐를 보고 어떻게 죽었는지 알 수 있다고요? 혹시 숨 쉬는 것하고 관련이 있나요?"

꼼꼼이가 약간 흥분한 말투로 물었다.

"꼼꼼이 상상력이 대단하구나! 그래, 맞아. 사람이 물에 빠져 죽은 경우를 예로 들어 설명해 줄게. 사람이 물에 빠지면 처음에는 무의식적으로 숨을 쉬지 않으려고 하지만 결국 참지 못하고 숨을 쉬게 돼. 그러면 물이 폐로 들어가 사람은 점점 의식을 잃고 죽지. 하지만 죽은 사람을 물에 빠뜨리면 죽은 사람은 숨을 쉬지 않기 때문에 물이 폐로 들어가지 않아."

"아, 그런 차이가 있군요."

"사람이 물에 빠져 죽으면 시체의 콧구멍과 입에 흰색 거품이 생기고, 폐가 부풀어 올라. 하지만 누군가 사람을 죽인 뒤 물속에 버렸다면 그런 특징이 나타나지 않지. 또 심장과 폐 같은 기관에 플랑크톤이 있는지를 검사하면 물에 빠져 죽었는지 아닌지를 알 수 있단다."

"플랑크톤은 물고기의 먹이잖아요. 물속에 있는 플랑크톤이 어떻게 사람의 심장과 폐에 들어갈 수 있죠?"

"물에 빠진 사람의 폐로 물이 들어가면 물속에 있는 수많은 플랑크톤이 허파 꽈리를 뚫고 혈액으로 들어가 온몸을 돌며 각 기관의 조직에 박혀. 폐 조직에 가장 많이 박히고 심장, 간장, 신장 등의 조직에도 박히지."

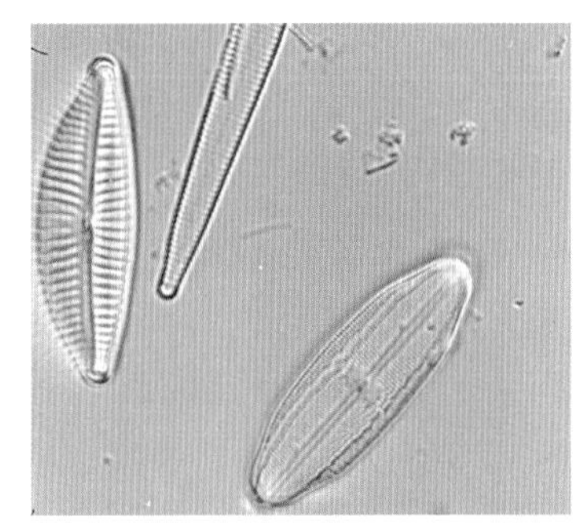

**현미경으로 확인한 규조류**
규조류는 식물 플랑크톤으로, 규산질의 껍질을 갖고 있다.

"조직 속에 플랑크톤이 있는지를 어떻

게 확인해요?"

"폐나 심장 등의 조직을 강산에 녹여서 규조류가 있는지 확인하면 돼. 플랑크톤이 박힌 조직을 강산에 넣으면 다른 플랑크톤은 모두 녹아 없어지지만 플랑크톤 중에서 규조류는 녹지 않고 남아 있어서 현미경으로 확인할 수 있어. 규조류가 있으면 물에 빠져 죽은 것이지."

"아! 그래서 폐가 죽음의 진실을 밝힌다고 했던 거군요."

"그렇지. 폐는 화재 사건에서도 죽음의 원인을 밝히는 증거물이 돼. 죽은 사람이 화재로 죽었는지 다른 이유로 죽었는지를 알려 주거든. 만약 사람이 화재로 죽었다면 죽기 직전까지 호흡하기 때문에 연기가 폐로 들어가 시체의 기도와 폐에서 그을음이 발견돼. 하지만 사람을 죽인 뒤 화재로 인한 죽음으로 위장하려고 불을 질렀다면 죽은 사람은 호흡을 못하기 때문에 기도와 폐에서 그을음이 발견되지 않지."

"와! 과학 수사에서 폐가 정말 중요한 역할을 하는군요. 과학 수사에서는 몸의 어느 한 부분이라도 소홀히 할 수 없겠네요."

## 똥이 증거물이라고?

"너희들 아침은 먹고 왔니?"

"네!"

어린이 탐정단이 동시에 대답했다.

"우리가 먹고 배설하는 것도 과학 수사에 이용할 수 있을까?"

"음, 박사님이 질문하시는 걸 보니 이용할 수 있을 것 같아요."

"그래. **배설물**은 과학 수사와 전혀 관련이 없을 것 같지만 가끔 사건을 해결하는 데 결정적인 역할을 할 때도 있단다."

"박사님, 배설물이라면 똥을 말씀하시는 거예요?"

꼼꼼이가 손으로 입을 막고 물었다.

"똥, 오줌, 땀 같은 것을 말하지. 이런 것들은 사람의 몸에서 배출되기 때문에 사건을 해결하는 데 중요한 역할을 한단다."

"똥이나 오줌이 사건을 해결한다고요?"

어린이 탐정단이 눈을 동그랗게 뜨고 홈스 박사를 쳐다보았다.

"그래, 똥과 오줌은 냄새나고 더러워서 쓸모없다고 생각하지만 범인을 잡는 중요한 증거물이 되기도 한단다."

"하하, 똥과 오줌이 과학 수사의 증거물이 되다니 생각도 못했어요."

씩씩이가 재미있다는 듯이 말했다.

"범죄 현장 주변에서 똥을 발견했다면 일단 사건과 관계가 있다고 생각하는 게 좋아. 사람은 심하게 불안감을 느끼면 똥이 마렵기도 하거든. 그래서 범인이 범행 전에 극도의 불안감을 느껴 똥을 누는 경우가 있지. 똥을 채취할 때는 표면만 살짝 문질러서 채취해야 해. 똥의 표면에는 항문을 빠져나오면서 묻어 나온 세포가 있기 때문이지. 이것으로 유전자를 분석해 나중에 범인으로 의심되는 사람이 잡히면 그 사람의 유전자와 비교해서 범

인이 맞는지를 확인한단다."

"그렇군요. 우리 몸에서 똥이 어떻게 만들어지는지 아는 것도 과학 수사에 도움이 될까요?"

똑똑이가 질문했다.

"그래, 똥이 만들어지는 과정을 알아야 무엇을 과학 수사에 활용할지 알 수 있어. 우리가 음식을 먹으면 음식물이 식도를 거쳐 위로 가고, 위에서는 근육 운동을 통해 음식물을 위액과 섞어 분해하지. 위에서 분해된 음식물은 십이지장을 거쳐 작은창자로 이동하고, 작은창자에서는 음식물이 거의 소화되고 대부분의 영양분이 흡수돼. 소화되지 않은 음식 찌꺼기는 큰창자에서 수분이 흡수된 뒤, 나머지가 똥으로 배출된단다."

"혹시 똥으로 어떤 음식을 먹었는지 알 수 있을까요?"

"물론 똥을 분석하면 가능해. 하지만 보통 위에 들어 있는 내용물을 분석해서 죽은 사람이 죽기 전에 어떤 음식을 먹었는지, 언제 먹었는지 등을 알아낸단다."

"와, 위 속에 있는 음식물로 그런 것들을 알아낼 수 있다고요?"

"물론이지! 사람이 죽으면 그 순간부터 소화가 더 이상 진행되지 않아. 그래서 위에 있는 음식물의 소화 정도를 확인하면 죽은 사람이 언제 식사를 했는지 알 수 있어. 그리고 위와 창자에 남아 있는 음식물을 분석하면 어떤 종류의 음식을 먹었는지도 알 수 있고."

"언제 어떤 음식을 먹었는지를 알면 그것으로 무엇을 알 수 있나요?"

"점점 질문이 어려워지는걸. 죽은 사람이 언제 어떤 음식을 먹었는지 안다면 그 사람이 어디에서 식사를 했는지 알 수 있지. 그러면 왜 그곳에 갔는지, 누구와 식사를 했는지 등을 밝힐 수 있어. 이런 정보를 알게 되면 수사가 더 쉬워질 수 있단다."

"아하, 그런 정보들을 모아서 범인을 잡는 거군요."

# 오줌이 담고 있는 정보

"우리 몸의 건강 상태를 알아볼 때 오줌을 검사하는 걸 알고 있니?"

"네, 건강 검진을 받을 때 들어서 알고 있어요."

똑똑이가 자신 있게 말했다.

"그래, 잘 아는구나! 오줌에는 우리 몸 안에서 나온 물질이 들어 있기 때문에 오줌은 건강 상태를 확인하는 데 중요한 도구가 돼."

"박사님, 그런데 오줌은 왜 때때로 색깔이 변할까요? 약을 먹으면 오줌이 진한 노란색이 되던걸요."

"오줌은 건강 상태에 따라 색깔이 달라지거나 독특한 냄새가 나기도 해. 오줌은 우로크롬이라는 성분이 들어 있어서 노란색을 띠는데, 색깔이 평소보다 더 짙다면 건강에 이상이 있거나 약물을 먹었을 가능성이 크지."

"박사님, 갑자기 궁금한데요, 오줌은 왜 만들어지는 거예요?"

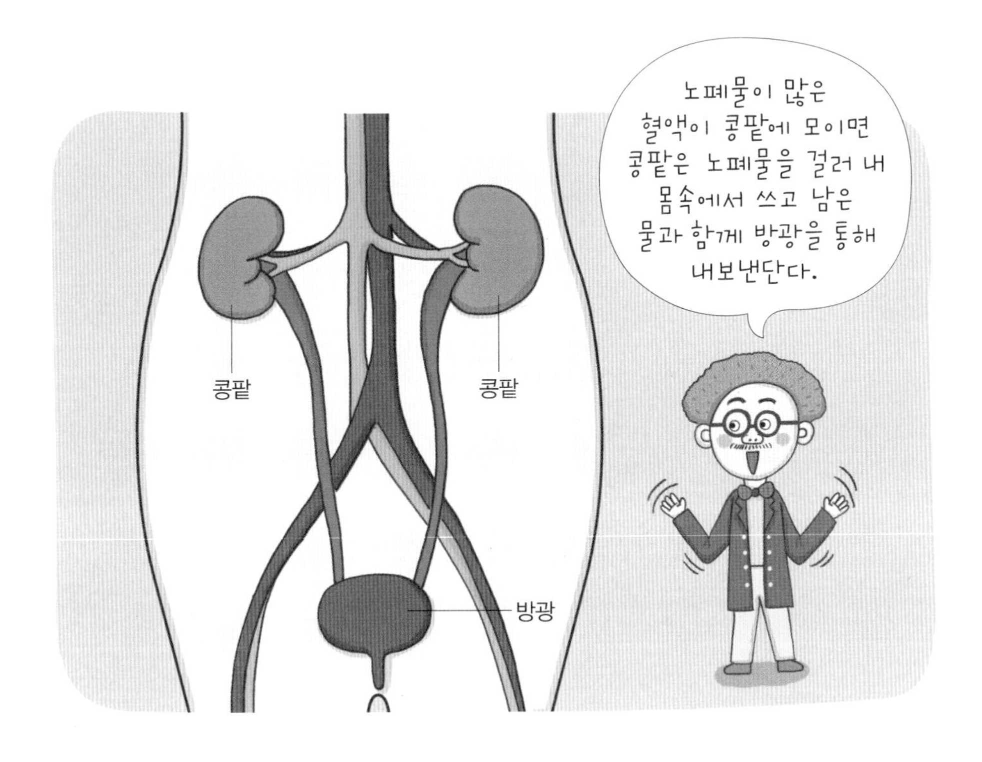


"오줌은 몸속에 필요 없는 것들을 몸 밖으로 내보내기 위해 만들어지는 거야. 혈액 속에 있는 노폐물이 콩팥이라는 기관에서 걸러져 오줌이 만들어지지. 어른은 보통 하루에 1,000~1,500mL의 오줌을 내보낸단다."

"그렇군요. 그런데 과학 수사에서 오줌을 어떻게 이용하나요?"

"오줌에도 똥처럼 세포가 들어 있기 때문에 범인의 유전자를 분석할 수 있어. 또 오줌은 혈액 속의 노폐물과 수분이 걸러진 액체이니까 약물을 먹었다면 그 약물에서 분해된 물질들이 오줌에 남아 있기 때문에 오줌을 분석하면 범인이 약물을 먹었는지도 알 수 있지. 만약 범인이 마약 같은 법으로 금지된 약물을 먹었다면 그 점을 수사할 때 참고해야 해."

"법으로 금지된 약물을 먹었다면 이미 범죄를 저지른 거네요?"

"그렇지. 오줌에서 금지된 약물 성분이 나온 사람은 처벌받는단다."

# 침에도 단서가 있어

"박사님, 침은 과학 수사에 어떻게 이용하나요?"

"앗, 잊고 넘어갈 뻔했는데 마침 질문 잘했어. 요즘에는 침 덕분에 얻는 증거물이 많아졌어. 범인이 사용한 컵, 숟가락, 젓가락, 먹다 남은 음식 등에는 범인의 침이 묻어 있는 경우가 많아. 이런 물건에 묻은 침을 분석하면 범인을 잡을 수 있단다."

"침을 분석해서 범인을 잡는다니 신기하네요."

씩씩이가 흥미롭다는 듯이 말했다.

"물건에 묻은 침은 양이 아주 적어서 옛날에는 증거물이 되지 못했어. 그런데 요즘에는 기술이 발전해 침에 들어 있는 아주 적은 양의 세포를 분석할 수 있어서 범인을 잡는 결정적인 증거물이 되었단다."

"침으로 무엇을 알 수 있어요?"

"침에는 혈액형을 나타내는 물질이 들어 있어서 범인의 혈액형을 알 수 있고, 입 안의 세포가 들어 있어서 범인의 유전자를 분석할 수 있어. 얼마 전에는 청주의 한 식당에서 살인 사건이 일어났는데, 범인이 범죄를 저지른 뒤에 자신과 관련된 단서를 숨기려고 자기가 썼던 숟가락, 젓가락, 물수건 등을 모두 가지고 도망갔어."

"와, 범인이 완전 범죄를 하려고 머리를 썼군요."

"맞아. 그래서 사건을 해결할 만한 증거를 찾기 어려웠지. 그런데 범인이 먹다 남긴 깍두기 조각을 발견하고 거기에 묻은 침으로 유전자를 분석하여 범인을 잡을 수 있었단다."

"우아, 먹다 남은 깍두기로 범인을 잡다니 놀랍다!"

똑똑이는 혀를 내두르며 **감탄했다.**

"서울에서도 비슷한 사건이 일어났는데, 범인이 뱉은 수박씨에서 유전자를 확보하여 범인을 잡을 수 있었어. 이렇게 침은 사건을 해결하는 데 결정적인 역할을 한단다."

"음, 사건 현장에서는 무심코 넘길 물건이 하나도 없네요."

씩씩이가 **심각한 표정**을 지으며 말했다.

# 냄새로 찾아내다

"박사님, 범죄 현장에서 증거를 잘 찾으려면 시력이 좋아야겠죠?"

"물론 시력도 좋아야 하지만 시력보다 관찰력이 더 중요해. 모든 물건을 유심히 관찰해야 증거인지 아닌지 알 수 있거든."

"아, 그렇겠네요. 그런데 우리 눈은 어떻게 물체를 보는 거예요?"

"물체에서 반사된 빛이 수정체를 통과해 망막에 도달하면 망막에 있는 시각 세포가 이것을 감지해 대뇌로 전달하여 물체를 볼 수 있는 거야."

"수정체는 카메라 렌즈와 같은 역할을 하는 거죠?"

똑똑이가 잘난 척하며 말했다.

"맞아. 수정체는 물체가 놓여 있는 거리에 따라 두께를 조절해서 상을 선명하게 만들어. 수정체 앞에는 홍채라는 얇은 막이 있는데, 이것이 눈으로 들어오는 빛의 양을 조절해. 어두운 곳에서는 홍채가 축소돼서 동공

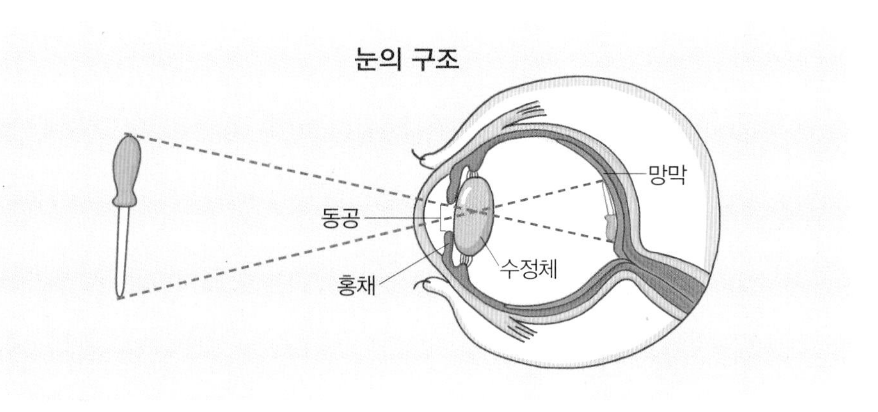


물체의 빛이 동공을 통과하면 망막에 상이 거꾸로 맺히는데, 뇌가 거꾸로 맺힌 상을 바르게 인식해 물체의 모양을 인지한다.

을 크게 만들어 빛이 많이 들어오게 하고, 밝은 곳에서는 홍채가 확장돼서 동공을 작게 만들어 빛이 적게 들어오게 한단다."

"그래서 어두운 곳에서는 눈동자가 **커지고** 밝은 곳에서는 눈동자가 **작아지는** 거죠? 동공이 눈동자잖아요."

씩씩이도 자기가 알고 있는 것을 신이 나서 말했다.

"그렇단다. 범죄 현장을 조사할 때 시각도 중요하지만 후각도 중요해. 그래서 현장을 조사할 때 사람보다 냄새를 훨씬 잘 맡는 개의 도움을 받아."

"아, 얼마 전에 동물도감에서 읽었는데, 개의 후각은 사람보다 10만 배에서 10억 배까지 **예민하다고** 쓰여 있었어요."

"역시 똑똑이는 아는 것이 많구나!"

똑똑이가 자신 있게 말하자 홈스 박사가 똑똑이의 머리를 쓰다듬었다.

"박사님, 개가 어떤 도움을 주나요?"

"얼마 전 한 지방에서 살인 사건이 일어났어. 그런데 처음에는 시체를 찾지 못하다가 훈련받은 개의 도움으로 피해자 집 주변의 산에서 시체를 찾

았지. 개가 땅속에 묻은 시체의 냄새를 맡아서 찾을 수 있었던 거야."

"와, 개가 대단한 일을 했군요."

꼼꼼이가 감탄하며 말했다.

"미국에서는 개가 땅속 120cm 깊이에 묻혀 있던 시체를 발견한 적도 있었단다. 개는 시체를 찾기도 하지만 범죄 현장에 남아 있는 범인의 냄새를 맡고 그 냄새를 추적해서 증거물을 찾아내거나 범인이 도망간 경로를 파악해서 수사에 도움을 주기도 한단다."

훈련된 개가 냄새를 맡으며 사건의 단서를 찾고 있다.

"저도 경찰이 개를 데리고 수색하는 것을 본 적이 있어요."

"과학 수사에 도움을 주는 개들은 특정 분야에서 오랫동안 전문적인 훈련을 받은 개들이란다. 사람의 몸 냄새를 맡는 체취견, 폭발물을 찾아내는 폭발물 탐지견, 마약을 찾아내는 마약견, 시체를 찾아내는 시체 탐지견 등이 있지."

"범죄 수사에 냄새를 이용하다니 신기해요."

"최근에는 범죄가 지능화하면서 피나 지문 등이 현장에 남아 있지 않은 사건이 많아. 그런데 범인이 거쳐 간 공간에는 극히 적은 양이나마 범인의 체취가 남아 있어서 이것을 분석하면 범인을 잡는 데 도움이 되지. 범죄 현장의 공기를 용기에 담아 분석하면 화장품이나 향수 등으로 범인의 범위를 좁힐 수 있거든. 그래서 요즘에는 냄새에 대해 더 많이 연구하고 있단다."

"박사님, 우리는 어떻게 냄새를 맡을 수 있어요?"

"냄새의 원인이 되는 기체 상태의 물질이 코로 들어오면 콧속 천장에 있는 후각 감각 세포를 자극해. 그러면 이 자극이 후각 신경을 통해 대뇌에 전달되어 냄새를 맡게 되는 거란다."

"박사님의 이야기를 계속 듣다 보니 우리 몸이 과학 수사에 정말 중요하다는 생각이 들어요."

똑똑이의 말에 씩씩이와 꼼꼼이도 머리를 끄덕였다.

"맞아. 앞으로는 우리 몸을 통해 더 많은 정보를 얻게 될 거야. 그런 정보가 모여서 범인을 찾는 데 더 큰 도움을 줄 거고."

홈스 박사는 뿌듯한 표정으로 어린이 탐정단을 쳐다보았다.

5학년 2학기 과학 4. 우리 몸의 구조와 기능

## 우리 몸의 뼈는 어떤 역할을 할까?

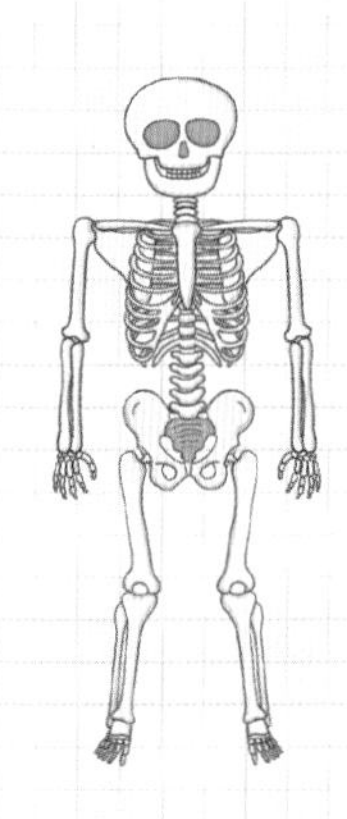

사람의 뼈는 어른의 경우 206개이다. 뼈는 몸속의 기관을 보호하고 몸을 지탱하는 역할을 한다. 뼈는 위치와 생김새에 따라 역할이 다르다.

머리뼈는 뇌를 보호하고, 갈비뼈는 폐와 심장을 보호한다. 척추뼈는 우리가 서 있을 수 있도록 몸을 지탱해 준다. 또 뼈는 근육과 함께 우리 몸을 움직일 수 있게 하는데, 팔뼈, 다리뼈, 손가락뼈, 발가락뼈 등이 몸을 움직일 수 있게 해 준다.

5학년 2학기 과학 4. 우리 몸의 구조와 기능

## 숨을 쉴 때 폐에서는 어떤 일이 일어날까?

어른은 1분 동안 약 20회 정도 숨을 쉰다. 사람이 숨을 쉬면 공기가 코와 입을 통해 몸 안으로 들어와 폐로 전달된다. 폐에서는 산소를 받아들이고 이산화탄소를 내보낸다. 폐에서 혈액으로 산소를 전달하면 혈액은 온몸을 돌며 우리 몸을 이루는 세포에 산소를 공급해 준다. 이때 세포에서 생긴 이산화탄소는 혈액이 운반해서 폐를 통해 몸 밖으로 내보낸다.

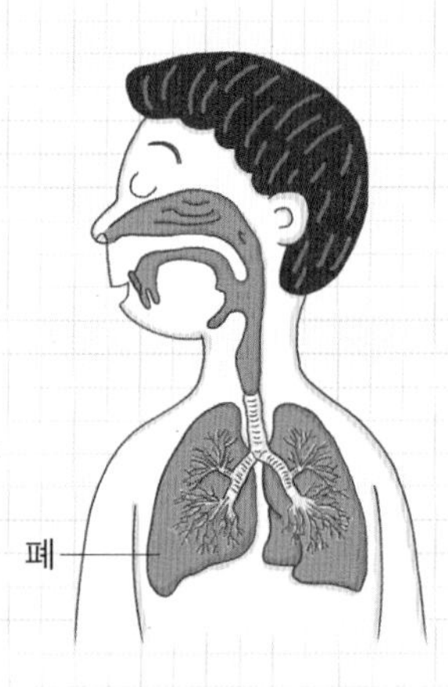

5학년 2학기 과학 4. 우리 몸의 구조와 기능

## 음식물은 어떤 과정을 거쳐 똥이 될까?

A | 우리가 입으로 음식을 먹으면 음식물이 식도를 통해 위로 내려간다. 음식물은 위를 지나 작은창자를 거치고 큰창자로 가면서 소화된다. 이 과정에서 각 기관은 음식물에서 우리 몸에 필요한 영양분과 수분을 흡수한다. 모든 소화 기관을 거치고 남은 찌꺼기가 항문을 통해 나오는 것이 바로 똥이다.

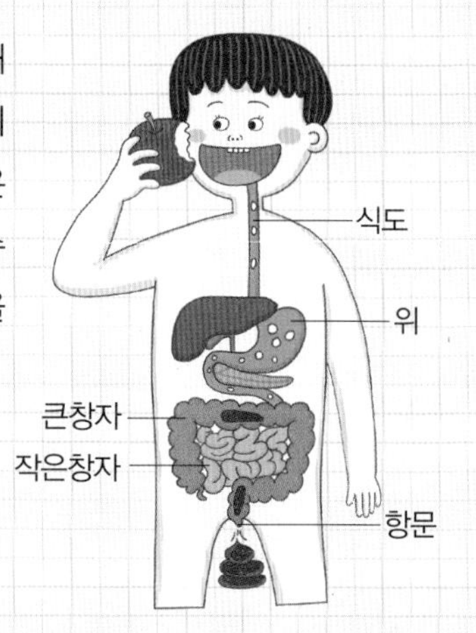


5학년 2학기 과학 4. 우리 몸의 구조와 기능

## Q | 오줌은 어떻게 만들어질까?

우리 몸에는 콩팥이라는 기관이 두 개 있다. 혈액은 우리 몸 구석구석을 돌며 노폐물을 운반하여 콩팥으로 가져다준다. 콩팥에서는 혈액 속에 든 몸에 필요 없는 노폐물을 걸러 내어 몸에서 쓰고 남은 물과 함께 방광을 통해 몸 밖으로 내보내는데, 이것이 오줌이다.
오줌 색깔은 일반적으로 엷은 노란색이지만 오줌에 들어 있는 우로크롬이라는 노란색 색소의 함유량에 따라 무색부터 진한 황갈색까지 다양하다.

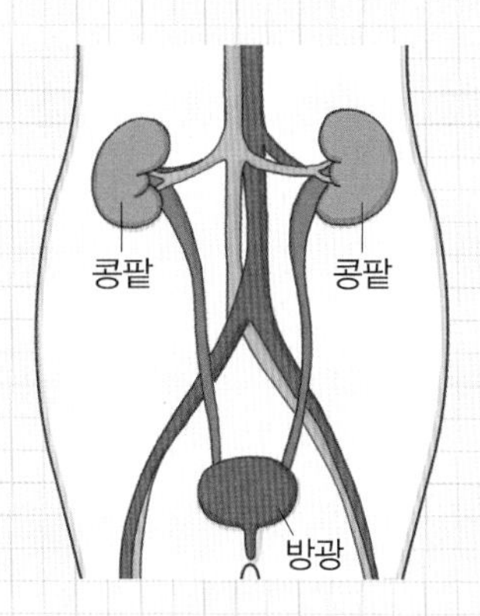

출입 금지 - POLICE LINE - 수사 중

2장
정확한 계산이 필요해

# 죽은 시간을 밝혀라

"너희들 수학 좋아하니?"

"네, 저는 계산하는 게 재미있어요."

똑똑이가 신이 나서 대답했다.

"난 수학이 어려운데……."

꼼꼼이가 작게 중얼거리자, 홈스 박사가 웃으며 말했다.

"꼼꼼아, 걱정 마. 지금부터 할 수학은 그렇게 어렵지 않아."

"과학 수사에 웬 수학? 에구, 여기서도 수학을 해야 하다니 머리가 아파 오네. 언제쯤 어려운 수학에서 벗어날 수 있을까?"

"하하, 씩씩이도 수학을 싫어하나 보구나. 하지만 수학을 모르면 과학 수사를 할 수 없어. 이제부터라도 수학이랑 친하게 지내 보렴."

"노력해 볼게요."

씩씩이의 대답에 홈스 박사가 빙그레 웃으며 말을 이어 갔다.

"얘들아, 사람이 죽으면 몸에 어떤 변화가 생기는지 아니? 우리 몸은 아프지 않을 때 항상 체온이 약 36.5℃를 유지하는데 죽으면 체온이 떨어져. 또 몸의 모든 기능이 멈추고 몸이 딱딱하게 굳으며 피부에 얼룩덜룩 반

점이 생긴단다."

"죽으면 몸에 여러 가지 변화가 생기는군요."

"그래. 그래서 죽은 사람의 몸을 관찰하면 죽음과 관련된 여러 가지 정보를 얻을 수 있단다."

"박사님, 사람이 죽고 난 뒤에 시간이 얼마나 지났는지 계산할 수 있나요? 살인 사건에서 살해된 사람이 언제 죽었는지를 알면 사건을 해결하는 데 도움이 될 것 같아요."

"그래, 정확한 시간을 알기는 어렵지만 죽은 사람의 체온을 측정하면 그 사람이 언제 죽었는지를 대략적으로 알 수 있어. 사람의 체온은 보통 죽은 뒤 10시간 이내에는 1시간에 약 1℃씩 떨어지고, 그 이후에는 약 0.25~0.5℃씩 떨어진단다. 이것을 기준으로 계산하면 죽은 시간을 대략 알 수 있어."

"그렇구나. 그런데 더운 여름보다 추운 겨울에 시체의 체온이 더 빨리 떨어지겠네요. 겨울에는 몸 밖의 온도가 훨씬 낮으니까요."

"그래, 맞아. 시체의 체온이 떨어지는 정도는 시체가 놓여 있는 주위 환경의 온도와 습도, 통풍 여부 등에 따라 달라질 수 있기 때문에 죽은 시간을 계산할 때는 항상 여러 가지 사항을 고려해야 해. 그래서 좀 더 정확한 체온을 측정하기 위해 사람이 죽은 뒤 16~17시간 이내에 곧창자 안의 온도를 측정한단다."

"헉! 곧창자라면 똥이 나오는 곳 말인가요?"

"그래, 똑똑이가 잘 아는구나! 곧창자는 몸속에 있어서 주변 환경의 영향을 덜 받거든. 자, 이제 문제를 하나 낼 테니까 계산해 볼래?"

"네, 좋아요!"

어린이 탐정단은 모두 의욕적으로 대답했다.

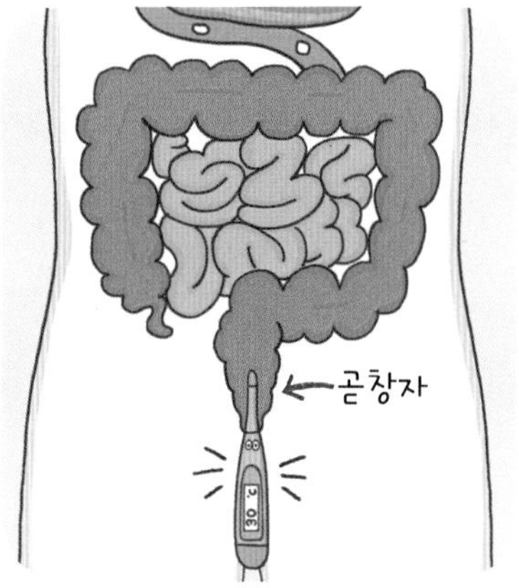

"어떤 사람이 오전 11시 10분에 방안에서 죽은 채 발견되었어. 이 사람의 곧창자 온도를 재었더니 30℃였다면 이 사람은 몇 시에 죽었을까?"

곧창자는 큰창자의 제일 끝부분부터 항문까지의 부분을 말한다. 직장이라고도 하는데, 이곳의 온도를 재어 시체의 체온을 파악한다.

어린이 탐정들은 각자 주어진 종이에 죽은 시간을 계산하기 시작했다. 잠시 후 탐정단은 계산한 종이를 홈스 박사에게 보여 주었다.

"모두 같은 답을 적었구나. 맞는지 같이 계산해 볼까? 사람의 체온은 죽은 뒤 10시간 이내에는 1시간에 1℃씩 떨어진다는 사실을 이용해서 계산하면 돼."

홈스 박사가 칠판에 쓰면서 계산을 했다.

· **떨어진 체온** = (정상 체온) - (시체의 체온)

= 36.5℃ - 30℃ = 6.5℃

· **죽은 뒤 지난 시간**

1시간 : 1℃ = (죽은 뒤 지난 시간) : 6.5℃

(죽은 뒤 지난 시간) = $\frac{6.5 \times 1}{1}$ = 6.5시간

= 6시간 + (0.5×60)분

= 6시간 30분

· **죽은 시각** = (발견한 시각) - (죽은 뒤 지난 시간)

= 11시 10분 - 6시간 30분 = 4시 40분

시체의 곧창자 온도로 죽은 시간을 대략 계산할 수 있어.

생각보다 쉽네요.

"이 사람은 시체를 발견한 시각에서 6시간 30분 전쯤에 죽었어. 시체를 오전 11시 10분에 발견했으니까, 오전 4시 40분 정도에 죽었다는 걸 알 수 있지. 물론 실제 상황이라면 주위의 온도, 습도 등에 따라 죽은 시간이 달라질 거야. 모두 잘 계산했구나! 역시 대단한 탐정들이야."

"생각보다 쉬웠어요. 과학 수사의 수학은 재미있네요."

꼼꼼이가 빙그레 웃으며 말했다.

# 삶과 죽음의 기준, 심장 박동

"과학 수사에서 죽음을 판단하는 기준이 뭘까?"

"음, 숨이 멎는 것 아닐까요?"

"그렇지. 정확히 말하면 폐 호흡이 멈추는 거야. 폐 호흡과 심장 박동이 완전히 멈추면 법률적으로 사망했다고 한단다."

"아, 폐 호흡과 심장 박동이 죽음을 판단하는 기준이 되는군요. 그런데 어떻게 심장 박동이 멈춘 것을 알 수 있어요?"

"보통 맥박이 뛰는지를 확인해서 알아본단다."

"심장 박동을 왜 맥박으로 알아봐요?"

씩씩이가 고개를 갸웃거렸다.

"그걸 알려면 우선 심장이 하는 일부터 알아야 해. 심장은 우리 몸 구석구석으로 피를 공급해 주는 일을 해. 우리가 생명을 유지하려면 음식물에서 얻은 영양분과 호흡을 통해서 얻은 산소를 항상 온몸에 공급해야 하지. 만약 이런 일이 잠시라도 멈춘다면 사람은 바로 죽어. 피는 우리 몸 안의 혈관을 돌며 영양분과 산소를 공급해 주는데, 피를 몸 구석구석까지 보내 주는 것이 바로 심장이란다."

"그런데 심장과 맥박이 무슨 관계가 있어요?"

"아주 큰 연관이 있어. 맥박은 심장에서 나오는 피가 혈관 벽에 닿아서 생기는 파동이야. 따라서 심장 박동이 멈추면 맥박도 멈추지. 손목의 안쪽에 손가락을 대고 있으면 맥박이 **뛰는 것**을 느낄 수 있단다."

"그렇구나! 그런데 심장은 우리 몸 어디에 있어요?"

"심장은 보통 왼쪽 가슴 아래에 있는데, 크기가 주먹만 하고 **두꺼운** 근육으로 되어 있어. 심장 내부는 우심방, 우심실, 좌심방, 좌심실 등 4개의 방으로 나누어져 있고, 이 방으로 피가 들어오고 나가지. 온몸을 돌면서 산소를 공급하고 노폐물을 실어 오는 정맥피는 심장으로 돌아오고, 심

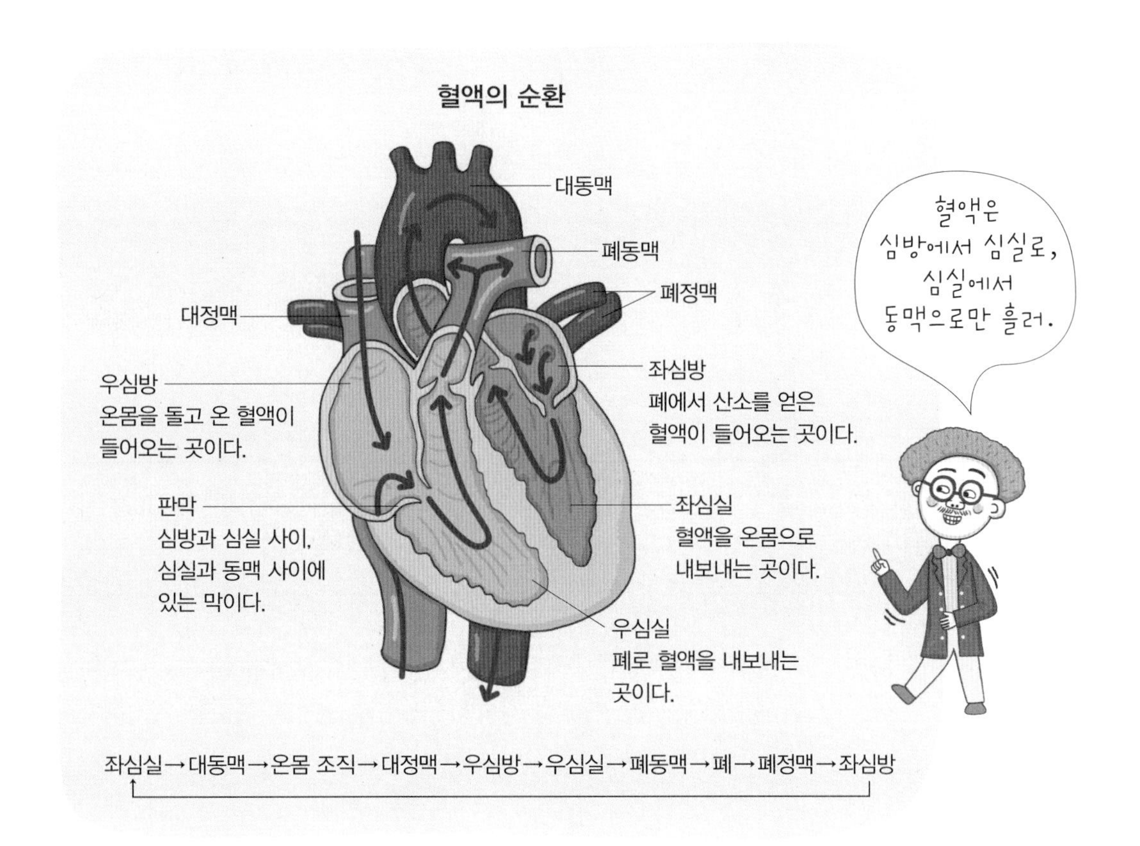

장에서는 정맥피를 다시 폐로 보내. 폐에서 산소를 공급받은 동맥피는 다시 심장으로 돌아와서 심장이 수축되는 힘에 의해 밀어 내져 다시 온몸으로 가게 되지. 이 일은 우리가 살아 있는 동안에 **규칙적으로** 수없이 반복돼. 왼쪽 가슴에 손을 대고 심장이 뛰는 것을 가만히 느껴 보렴."

어린이 탐정단은 모두 가슴에 손을 대고 심장 박동을 느껴 보았다.

"심장은 1분에 60~80번 뛰어. 운동할 때는 산소가 더 많이 필요하기 때문에 심장이 훨씬 더 ***빨리 뛰지.*** 자, 여기서 문제 하나. 어떤 사람의 심장이 1분에 70번 뛴다면 하루 동안에는 모두 몇 번 뛸까?"

"제가 계산할게요. 하루는 24시간, 1시간은 60분이니까 하루를 분으로 나타내면 24×60=1,440, 즉 1,440분이에요. 심장이 하루 동안 뛰는 횟수는 곱셈으로 구할 수 있어요."

똑똑이가 나서서 문제를 **술술** 풀었다.

> (하루 동안 뛰는 심장 박동 수)=(1분 동안 뛰는 심장 박동 수)×1,440(분)
> =70(번)×1,440(분)=100,800(번)

"이 사람의 심장은 하루에 100,800번 뛰어요."

"맞았어. 그러면 꼼꼼이가 이 사람의 심장이 1년 동안 뛰는 횟수를 계산하고, 씩씩이가 80년 동안 뛰는 횟수를 계산해 볼래?"

꼼꼼이는 잠시 머뭇거리다가 문제를 풀었다.

"1년 동안 뛰는 심장 박동 수를 구하려면 심장이 하루 동안 뛰는 횟수에 365를 곱하면 돼요. 100,800×365=36,792,000이니까 이 사람의 심장은 1년에 36,792,000번 뛰네요."

"꼼꼼이도 곱셈을 잘하는구나! 그럼 이번엔 씩씩이 차례인가?"

"네! 80년 동안 뛰는 심장 박동 수를 구하려면 1년 동안 뛰는 심장 박동 수에 80을 곱하면 되겠네요. 36,792,000×80=2,943,360,000이니까 80년 동안에는 심장이 2,943,360,000번 뛰어요. 와, 우리 할머니 연세가 80세이신데, 그럼 할머니 심장은 거의 30억 번 정도 뛰었네요."

홈스 박사가 고개를 끄덕이며 웃었다.

"불쌍한 심장! 평생 일을 해야 하다니. 심장아, 힘내!"

씩씩이가 왼쪽 가슴을 손으로 토닥토닥 두드렸다.

# 유전자형이 같을 확률은?

“아까 유전자를 분석해 범인을 잡는다고 했던 말 기억하니?”

“네. 그뿐만 아니라 유전자를 분석하면 부모와 자식 간의 관계를 확인할 수도 있다고 하던데요. 얼마 전에 다큐멘터리에서 보았거든요.”

“그래, 맞아. 부모의 유전적 성질을 자식이 물려받으니까 자식은 부모의 유전자를 반반씩 갖게 되어 유전자 분석으로 가족 관계를 확인할 수 있어. 그리고 유전자 중에는 사람마다 다른 부분이 있어서 이 부분을 분석하면 범인을 밝힐 수 있지. 이러한 유전자 분석 결과는 보통 확률로 나타내.”

“확률이 뭐예요? 자세히 알려 주세요.”

“확률은 일정한 조건에서 어떤 일이 일어날 가능성을 수치로 나타낸 거야. 예를 들어 증거물에서 유전자가 나왔고 그 유전자가 어떤 사람의 유전자와 일치한다면 이 사람이 실제 범인일 가능성이 얼마나 되느냐를 수치로 나타낸 거지.”

“중요한 것 같기는 한데 좀 어려워요.”

어린이 탐정단이 시무룩한 표정을 짓자 홈스 박사가 말했다.

"주사위를 던졌을 때의 확률을 예로 들어 쉽게 설명해 줄게. 1에서 6까지 쓰여 있는 정육면체의 주사위를 던지면 숫자가 하나 나와. 주사위를 한 번 던졌을 때 6개의 숫자 중에 1이 나올 확률은 $\frac{1}{6}$이야. 그리고 주사위를 연속해서 두 번 던져 둘 다 1이 나올 확률은 한 번 던져서 1이 나올 때보다 낮아지지. 두 번 연속해서 1이 나올 확률은 주사위를 한 번 던져서 1이 나올 확률을 두 번 곱해 주면 돼."

(주사위를 두 번 던져 모두 1이 나올 확률) $=\frac{1}{6}\times\frac{1}{6}=\frac{1}{36}$

"두 번 연속으로 1이 나올 확률은 $\frac{1}{36}$로 확 떨어지네요?"

"그래, 주사위를 두 번 연속으로 던지는 것을 36번 해야 한 번 정도 연속으로 1이 나올 수 있어. 세 번 연속으로 1이 나올 확률과 네 번 연속으로 1이 나올 확률은 더 낮아지지."

"정말 그렇겠네요. 박사님, 유전자 분석의 실제 예를 하나 들어 주세요."

"확률을 계산하기 위해서는 먼저 어떤 유전자형이 어떤 확률로 나타나는지를 표본을 선택해서 조사해야 해. 유전자형은 생물이 가지는 특정한 유전자의 조합인데, 유전자를 분석하면 알 수 있어. 우리나라 전 인구를 분석할 수 없기 때문에 일부분의 사람을 추출해서 분석하지. 분석을 통해서 어떤 유전자형을 몇 명 정도가 가지고 있는지 확률을 미리 알 수 있어. 우리나라 인구에서 1,000명을 선택해서 어떤 유전자를 분석한 결과 유전자형 6-7형을 가진 사람이 100명 나왔다고 하면, 6-7형을 가진 사람은 $\frac{100}{1,000}$이니까 $\frac{100}{1,000}=\frac{1}{10}$로, 10명 중 1명이 6-7형을 갖고 있는 거지."

"아, 이제 대충 확률에 대해 알겠어요. 그런데 6-7형이 뭐예요?"

"아까 사람마다 유전자 중에서 다른 부분이 있다고 했지? 이 부분은 일정한 염기 서열이 반복되는 부분을 말하는데 반복되는 횟수를 숫자로 나타낸 거야. 유전자가 들어 있는 DNA 속 염기는 짝을 이루고 있어서 '6-7'과 같이 표기해. DNA에 대해서는 나중에 다시 알려 줄게."

"유전자는 좀 복잡하고 어렵네요."

"그렇지? 이제 문제를 하나 낼게. 유전자 3개를 분석한 결과를 보고, 3개의 유전자형이 모두 일치하는 사람이 나올 확률을 계산해 보자."

홈스 박사는 칠판에 유전자 분석 결과를 썼다.

A 유전자형: 5-6형(100명 중 2명)
B 유전자형: 5-9형(100명 중 1명)
C 유전자형: 7-8형(100명 중 3명)

"과연 우리나라 사람들 중에서 A 유전자형이 5-6형이면서 B 유전자형이 5-9형이고 C 유전자형이 7-8형인 사람이 나타날 확률은 얼마나 될까?"

"음, 주사위의 확률을 구할 때처럼 각 유전자형이 나올 확률을 곱하면 되겠네요."

똑똑이가 종이에 쓰면서 자분하게 계산했다.

· A 유전자형이 5-6형일 확률: $\frac{2}{100}$

· B 유전자형이 5-9형일 확률: $\frac{1}{100}$

· C 유전자형이 7-8형일 확률: $\frac{3}{100}$

· 세 유전자형을 모두 가진 사람이 나타날 확률

$= \frac{2}{100} \times \frac{1}{100} \times \frac{3}{100} = \frac{6}{1,000,000}$

"확률이 $\frac{6}{1,000,000}$ 이니까 1,000,000명 중에 6명이 이런 유전자형을 갖고 있네요."

"맞았어. 단 3개의 유전자형이 같을 확률이 무척 낮지?"

"네, 생각보다 훨씬 낮네요. 그런데 유전자를 몇 개나 분석해야 유전자형이 같은 사람이 나오지 않을까요?"

"유전자를 13개 분석하면 일란성 쌍둥이를 제외하고 13개 조합의 유전자형이 같은 사람은 없어. 이것은 주사위를 13번 던져서 모두 1이 나올 확률보다도 훨씬 낮거든."

"그럼 13개의 유전자형이 똑같은 사람은 없으니까, 증거물에서 나온 유전자형과 13개의 유전자형이 일치하는 사람이 있다면 그 사람이 바로 범인이겠네요?"

"그렇단다. 잘 이해했구나!"

# 범죄 현장의 머리카락

"박사님, 이제 좀 쉬운 이야기를 해 주세요. 유전자는 어려워요."

"그래. 이제 머리카락에 대해 말해 볼까? 우리 몸에는 곳곳에 털이 있는데, 그중에서 가장 대표적인 것이 머리카락이야. 머리카락은 평생 동안 자라는데, 일정한 주기를 거치면서 새로운 머리카락이 나오고 오래된 머리카락은 저절로 빠지지."

"아, 머리카락이 빠지는 게 자연스러운 거군요."

"그렇지. 어른의 머리카락은 약 10만 개 정도인데 하루에 수십 개가 자연적으로 빠져. 그만큼 범죄 현장에도 범인의 머리카락이 떨어져 있을 확률이 높지. 머리카락 한 올로도 범인이 범죄 현장에 있었다는 것을 증명할 수 있기 때문에 범죄 현장에서 머리카락을 찾는 것은 아주 중요해."

"그렇군요. 그러면 범인의 머리카락이 범죄 현장에 떨어져 있을 확률은

얼마나 될까요?"

"범죄 당시의 상황에 따라 다르기 때문에 정확하게 계산할 수는 없어. 하지만 이론적으로 한번 계산해 볼까?"

"네! 재미있을 것 같아요."

씩씩이가 신이 나서 대답했다.

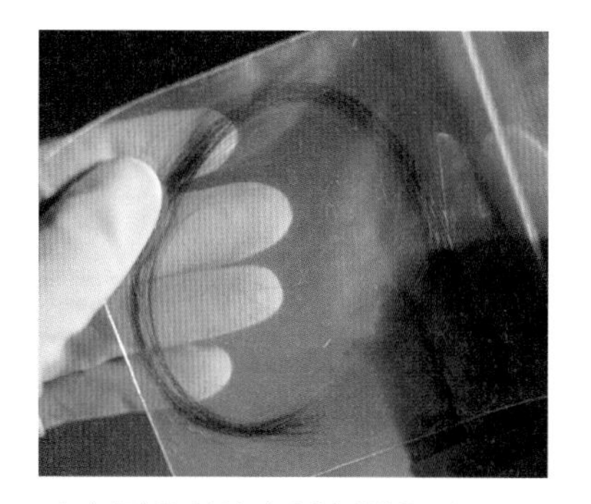

머리카락을 분석하면 혈액형을 알 수 있고, 머리카락에 뿌리가 남아 있으면 유전자도 분석할 수 있다.

"머리카락은 하루에 약 60~70개가 저절로 빠져. 만약 범인이 범죄 현장에서 격렬하게 **싸웠다면** 머리카락은 더 많이 빠지지. 만약 범인이 1시간 30분 정도 범죄 현장에 머물렀다면 현장에는 범인의 머리카락이 몇 개나 떨어져 있을지 누가 한번 계산해 볼래?"

"머리카락이 하루에 60개 빠진다고 여기고 계산해 볼게요."

똑똑이가 나서서 차분히 계산하기 시작했다.

- 하루(1일)=24시간
- 하루에 빠지는 머리카락 수: 60개
- (1시간 동안 빠지는 머리카락 수)=60(개)÷24(시간)=2.5(개)
- (1시간 30분 동안 빠지는 머리카락 수)
  =(1시간 동안 빠지는 머리카락 수)×1시간 30분
  =2.5(개)×1.5(시간)=3.75(개)

"1시간 30분 동안 떨어진 머리카락의 수는 3.75개이니까 약 4개예요."

"와, 맞았어. 계산을 잘했구나!"

# 증거가 남겨진 현장

"박사님, 아까 세포가 있으면 범인을 잡을 수 있다고 했잖아요? 세포는 어디에서 찾아요?"

"허허, 씩씩이가 내 이야기를 잘 들었구나. 맞아, 세포로 범인을 알아낼 수 있어. 사람 몸은 약 60조 개의 세포로 이루어져 있는데, 세포는 하루에 수백만 개씩 새로 태어나고 죽지. 죽은 세포들은 주변에 있는 물건들에 묻는단다."

"몸에 있는 세포가 어떻게 물건에 묻어요?"

"손으로 어떤 물건을 만지면 손에 있는 세포가 물건에 묻어. 또 입으로 음식을 먹으면 입술이나 침에 있는 세포가 음식에 묻지. 이처럼 범인의 세포는 범죄 현장에서 범인이 접촉한 모든 것에 묻을 수 있어."

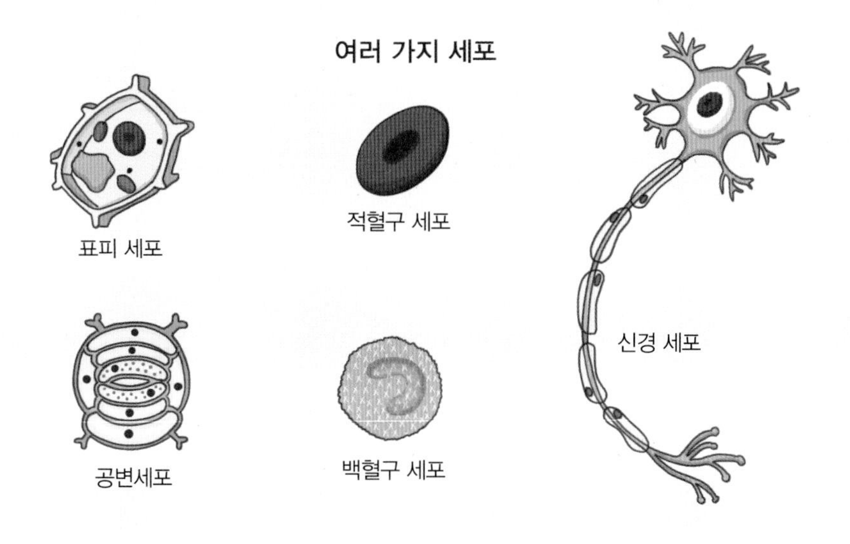


세포는 몸의 부위마다 모양이 다르며, 크기가 아주 작아서 현미경으로 관찰해야 한다.

"오호, **그렇군요.** 우리 눈에 보이지는 않지만 곳곳에 세포가 많이 묻나 봐요."

"그렇지. 만약 범인이 어떤 범죄 현장에 있었다면 반드시 그곳에는 범인의 세포가 떨어져 있을 거야."

"우리 몸에 세포가 60조 개나 있으니까 우리 몸에서 떨어지는 세포 수도 엄청나게 많을 것 같아요."

"물론이지. 하루에도 수없이 많은 세포가 우리 몸에서 떨어져. 그래서 범인이 접촉한 곳에는 어디든 세포가 많이 묻어 있어. 세포에는 유전자가 있어서 범인을 확인하는 데 결정적인 역할을 해. 세포에 대해 알았으니까 지금 들려주는 사건에서 무엇이 증거가 될지 맞혀 봐."

"네! 자신 있어요."

어린이 탐정단은 큰 목소리로 대답했다.

"범인이 한 집에 문을 열고 들어가 냉장고를 열고 물, 음료수, 체리를 먹었어. 그리고 장롱을 뒤져서 귀금속을 훔쳐 달아났지. 범인은 여러 가지 행동을 하면서 증거를 남겼어. 어떤 증거를 남겼는지 한번 말해 볼래?"

"범인이 문을 열고 들어갔으니까 문손잡이, 냉장고를 열었으니까 냉장고 문의 손잡이, 장롱을 열었으니까 장롱 문의 손잡이 등에 범인의 세포가 묻었을 것 같아요."

똑똑이가 홈스 박사의 질문에 제일 먼저 답했다.

"역시 훌륭한 어린이 탐정이야! 맞았어. 먼저 그것들을 생각할 수 있지. 그 밖에 또 무엇이 있을까?"

"물병과 음료수 캔에도 세포가 묻었을 테니까 증거가 될 거 같아요."

씩씩이가 잠시 생각하더니 대답했다.

“맞아. 씩씩이가 참 예리하구나. 다른 것은 없을까? 꼼꼼이는 생각나는 게 없니?”

“아, 맞다! 머리카락이오. 범인이 그곳에 한참 머물렀으니까 머리카락이 떨어졌을 것 같아요.”

“그래, 너희들은 역시 훌륭한 과학 수사 요원이 될 자격이 있어. 그 밖에도 발자국이나 체리씨 같은 여러 가지 증거를 남겼을 거야.”

“생각보다 범죄 현장에서 찾아낼 수 있는 증거물이 많군요.”

“그렇단다. 그래서 범죄 현장이 훼손되지 않게 잘 보존하는 것이 중요해. 아, 여기서 다른 질문을 하나 해 볼까?”

“이제 복잡한 문제는 그만 풀고 싶어요.”

씩씩이가 곤란한 표정을 지으며 말했다.

“허허, 씩씩이가 좀 지쳤나 보구나. 이번 문제는 어렵지 않으니까 걱정하지 않아도 돼.”

홈스 박사는 미소 지으며 이야기를 이어 갔다.

“현장이 훼손되지 않게 보존하려면 어떻게 해야 할까?”

“텔레비전 뉴스에서 노란색 끈으로 사건이 일어난 장소에 들어가지 못하게 막아 놓은 것을 본 적이 있어요. 아빠께서 범죄 현장이 훼손되지 않게 통제하는 것이라고 알려 주셨어요.”

“그래, 아빠 말씀이 맞는단다. 사건이 일어난 곳에는 범인이 남겨 놓은 흔적이 아주 많기 때문에 다른 사람들이 그곳에 들어가 흔적을 남기면 증거를 찾아도 그것이 범인의 흔적인지 아닌지 판단하기 어려워져. 그래서 범죄 현장을 바로 통제하지.”

"아, 그래서 노란색 끈으로 막아 놓는 거군요."

꼼꼼이가 고개를 끄덕이며 말했다.

"그렇지. 이제 문제를 풀어 볼까? 만약 범죄 현장이 정사각형 모양이고, 한 변의 길이가 6m라면 이곳을 통제하기 위한 노란색 끈은 최소한 몇 미터가 필요할까? 정사각형은 네 변의 길이가 모두 같은 사각형을 말한단다."

"음, 도형의 둘레를 구하는 문제네요. 정사각형의 둘레를 구하는 방법으로 계산할 수 있어요."

똑똑이는 종이에 정사각형을 그리며 계산하기 시작했다.

"노란색 끈으로 이 범죄 현장의 둘레를 통제하려면 적어도 끈이 24m는 필요해요."

똑똑이가 계산하는 모습을 지켜보던 홈스 박사가 박수를 쳤다.

"정말 대단하구나. 문제를 정확하게 풀었어."

똑똑이는 어깨를 으쓱해 보였다.

“씩씩이랑 꼼꼼이도 한번 풀어 볼래? 이번에는 가로가 13m, 세로가 4m인 범죄 현장을 노란색 끈으로 통제하려면 노란색 끈이 적어도 얼마나 필요할까?”

“직사각형의 둘레를 구하면 되는 거죠?”

“그렇지. 똑똑이가 풀었던 문제와 비슷한 방법으로 풀면 돼.”

씩씩이와 꼼꼼이는 곰곰이 생각하더니 종이에 계산하기 시작했다.

“범죄 현장을 통제하려면 노란색 끈이 적어도 34m가 필요해요.”

씩씩이와 꼼꼼이가 합창하듯 말했다.

“어린이 탐정단, 모두 아주 잘 풀었어.”

홈스 박사는 엄지손가락을 들어 올리며 활짝 웃었다.

6학년 2학기 수학 2. 비례식과 비례배분

## 죽은 사람의 체온이 1시간에 1°C씩 떨어진다면 체온이 29.5°C인 시체의 사망 시각은 언제일까?

사람의 체온은 일반적으로 36.5℃이다. 시체의 체온이 29.5℃라면 36.5－29.5＝7이므로, 체온이 7℃ 떨어진 것이다. 죽은 사람의 체온은 1시간에 1℃씩 떨어지니까 죽은 뒤 지난 시간은 비례식으로 구할 수 있다.

1시간 : 1℃＝죽은 뒤 지난 시간 : 7℃

죽은 뒤 지난 시간$=\frac{7\times1}{1}=7$

따라서 체온이 29.5℃인 시체의 사망 시각은 7시간 전이다.

## 꼼꼼이는 맥박이 1분에 60번 뛴다. 10년 동안 뛴 꼼꼼이의 심장 박동 수는 얼마일까?

맥박이 뛰는 횟수는 심장 박동 수와 같다. 꼼꼼이의 심장이 1분에 60번 뛰고 1시간은 60분이니까 심장이 1시간 동안 뛰는 횟수는 60×60＝3,600으로, 3,600번이다. 하루는 24시간이므로 하루 동안 뛰는 심장 박동 수는 3,600×24＝86,400으로, 86,400번이다. 1년은 365일이니까 1년 동안 뛰는 심장 박동 수는 86,400×365＝31,536,000으로, 31,536,000번이다. 따라서 10년 동안 뛴 심장 박동 수는 31,536,000×10＝315,360,000이므로, 315,360,000번이다.

5학년 2학기 수학 4. 소수의 나눗셈

## Q | 머리카락이 하루 동안 평균 64.8개가 빠진다면 1시간 동안 빠진 머리카락은 몇 개일까?

**A** | 하루는 24시간이다. 하루 동안 머리카락이 64.8개가 빠질 때 1시간 동안 빠진 머리카락의 수를 구하려면 64.8을 24로 나누면 된다.

$$64.8 \div 24 = \frac{648}{10} \div 24 = \frac{648}{10} \times \frac{1}{24} = 2.7$$

따라서 1시간 동안 빠진 머리카락의 수는 2.7개이다.

5학년 1학기 수학 5. 다각형의 넓이

## Q | 한 변의 길이가 3cm인 정사각형의 둘레는 얼마일까?

**A** | 정사각형의 둘레는 정사각형 네 변 길이의 합과 같다.

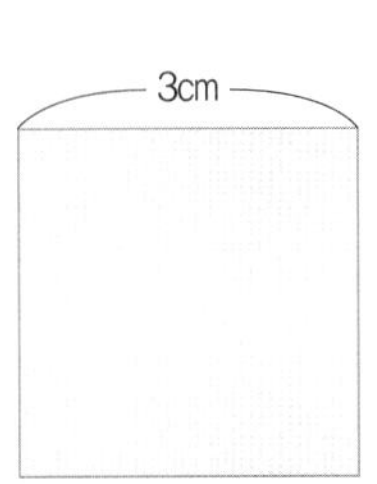


(정사각형의 둘레)=(정사각형 네 변 길이의 합)
=(한 변)+(한 변)+(한 변)+(한 변)
=(한 변)×4
$=3\times4=12$(cm)

한 변의 길이가 3cm인 정사각형의 둘레는 12cm이다.

출입 금지 – POLICE LINE – 수사 중

3장

# 첨단 도구와 기술을 사용해

# 과학 수사의 기초 도구, 현미경

"박사님, 과학 수사를 할 때 무엇을 사용하나요?"

"음, 핀셋 같은 작은 도구부터 유전자 분석 같은 최첨단 기술까지 다양한 도구와 기술을 사용해. 우선 너희도 잘 아는 현미경부터 알려 줄게."

"네! 현미경이 과학 수사에 사용되는 건 알고 있었어요. 히히!"

"그래. 현미경은 발명된 직후부터 과학 수사에 아주 중요한 도구가 되었어. 최초로 과학 수사를 시작한 프랑스의 범죄학자인 에드몽 로카르는 '접촉한 두 물체는 서로에게 **흔적을 남긴다.**'라는 유명한 말을 했는데, 이 말의 기본에는 현미경이 있단다. 두 물체가 접촉하면 두 물체 사이에는 미세한 물질 교환이 일어나 서로에게 흔적을 남기는데, 이 흔적을 현미경으로 분석하면 범인이 누구인지를 증명할 수 있지. 그래서 현미경은 과학

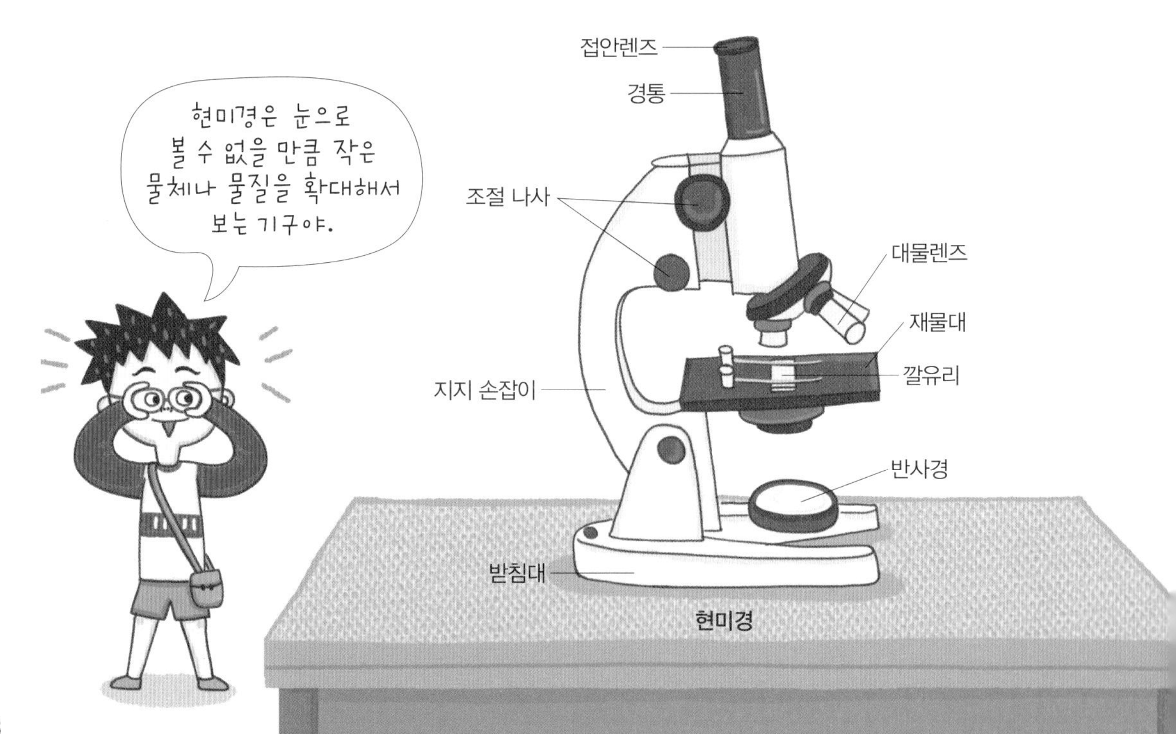

현미경

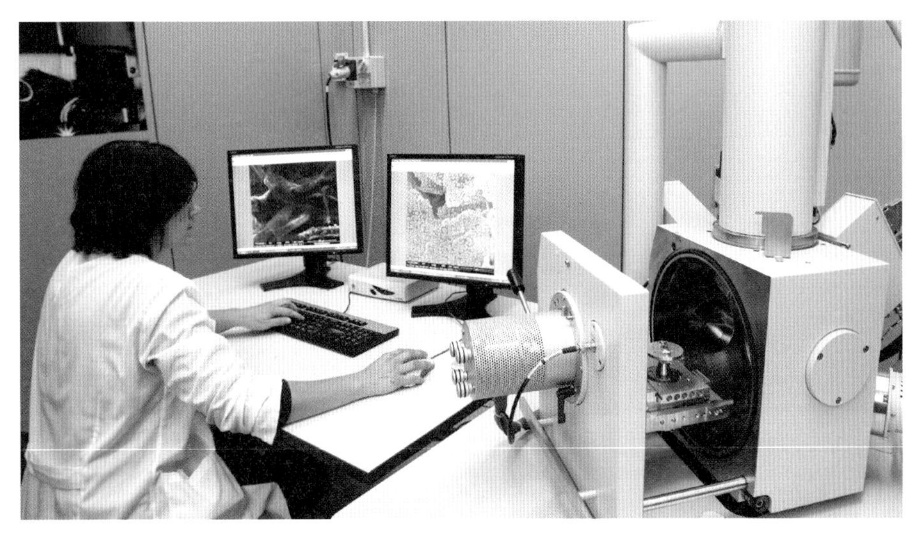

과학 수사 연구원이 전자 현미경으로 증거물을 관찰하고 있다.

수사를 하는 데 매우 중요해."

"박사님, 현미경으로 물체를 얼마나 확대해서 볼 수 있어요?"

"우리가 흔히 사용하는 현미경이 광학 현미경인데, 이 현미경으로 약 1,000배까지 물체를 확대해서 볼 수 있어. 최근에 개발된 전자 현미경으로는 물체를 수백만 배로 확대해서 볼 수 있어서 물체의 분자까지 관찰할 수 있단다."

"와, 그렇게 많이 확대할 수 있다니 대단하네요!"

"과학 수사에서는 여러 가지 현미경이 사용되는데, 편광 현미경과 형광 현미경도 많이 사용돼. 편광 현미경은 물체에 빛을 쪼여서 물질마다 나타나는 고유한 특성을 분석하여 그 물체가 어떤 성분으로 이루어져 있는지 알아내는 현미경이야. 그리고 형광 현미경은 물체에 자외선을 쪼여 물체가 내는 고유한 형광 빛깔을 관찰하는 현미경이지."

"과학 수사에서 현미경을 어디에 사용하나요?"

"현미경은 아주 넓은 범위에서 다양하게 사용돼. 범죄 현장에 있던 머리카락, 범인의 차에서 발견한 섬유, 범인의 차에 묻은 흙, 용의자의 옷에 묻은 유리 파편, 미세한 도구의 흔적, 총기의 발사 흔적 등을 확인하는 데 쓰이지."

"훌륭한 탐정이 되려면 학교에서 현미경 보는 법을 잘 배워야겠어요."

홈스 박사가 어린이 탐정단 앞에 현미경을 놓으며 말했다.

"얘들아, 이 현미경으로 머리카락을 관찰해 볼까?"

전자 현미경으로 본 머리카락의 표면 무늬이다.

어린이 탐정단은 한 명씩 차례대로 현미경을 들여다보았다.

"머리카락을 현미경으로 보면 가장 먼저 보이는 것이 표면의 무늬인데, 마치 물고기의 비늘처럼 층을 이루고 있어. 이것을 '모소피 무늬'라고 해. 사람과 동물의 모소피 무늬는 모양이 달라서 범죄 현장에서 찾은 털이 사람의 것인지 동물의 것인지를 쉽게 구별할 수 있지. 그리고 동물도 종마다 모소피 무늬가 달라서 어떤 동물의 털인지도 확인할 수 있어."

홈스 박사가 여러 가지 모소피 무늬를 탐정단에게 보여 주었다.

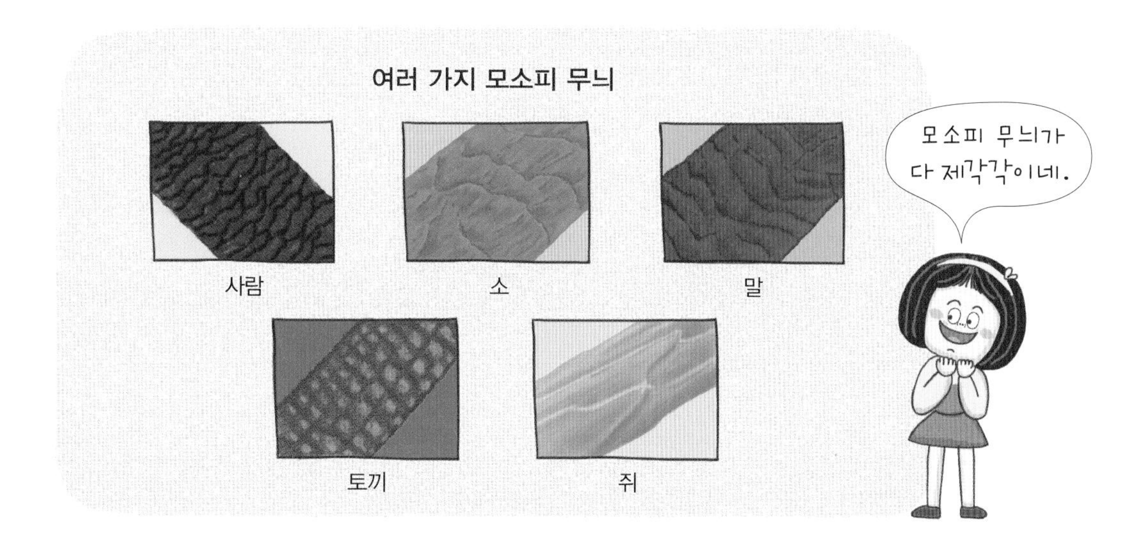


"현미경으로 보니 정말 머리카락이 동물의 털과 다르네요."

"그렇단다. 현미경으로 머리카락을 관찰하면 머리카락에 있는 많은 비밀을 알 수 있어. 인종을 추측하거나 질병이나 염색 여부 등을 알 수 있어서 범인이 어떤 사람인지를 알아내는 데 활용되지."

"와, 정말 현미경으로 많은 정보를 얻을 수 있네요."

"그래. 또 현미경으로 범행 도구의 흔적을 확인할 수도 있단다. 만약 범인이 절단 공구를 사용하여 자물쇠, 쇠창살 등을 자르면 자른 곳에 사용한 공구의 흔적이 남는데, 이런 흔적을 현미경으로 관찰한 후 비교하면 어떤 공구로 잘랐는지 알 수 있어. 이렇게 알아낸 공구가 범인으로 의심되는 사람의 차나 집에서 발견되면 그 사람은 매우 유력한 용의자가 되지."

"아빠가 공구로 망가진 창문의 쇠창살을 자른 적이 있는데, 찌그러진 모양밖에 보이지 않던걸요."

"눈으로만 보면 그렇지만, 현미경으로 관찰하면 잘린 부분에서 줄무늬 같은 흔적을 볼 수 있어. 이런 흔적은 사용한 공구에 흠집이 있어서 생겨. 의심되는 여러 가지 공구로 물건을 잘라서 생긴 흔적과 범죄 현장에서 찾은 흔적을 비교하면 어떤 공구를 사용했는지 알 수 있지. 줄무늬 모양이 같다면 그 공구를 사용해 잘랐다는 것을 확인할 수 있거든."

범죄 현장에서 발견한 총알을 검사하고 있다.

"범죄 현장에서 또 어떤 흔적을 발견할 수 있어요?"

"범행에 총을 사용했다면 총알에서 총의 흔적을 발견할 수 있어. 총 안쪽에는 총알이 멀리 정확하게 날아갈 수 있도록 나선형 홈이 나 있는데, 이 홈에는 총을 만들 때 생기는 미세한 흠집이 있어. 그래서 총을 쏘면 그 흠집이 그대로 총알에 남게 돼. 범죄 현장에서 총알을 발견했다면 총알에 생긴 흔적을 현미경으로 관찰해 어떤 총을 사용했는지 알아낸단다."

"와, 작은 흔적도 현미경으로 관찰하면 범죄 해결에 도움이 되는군요."

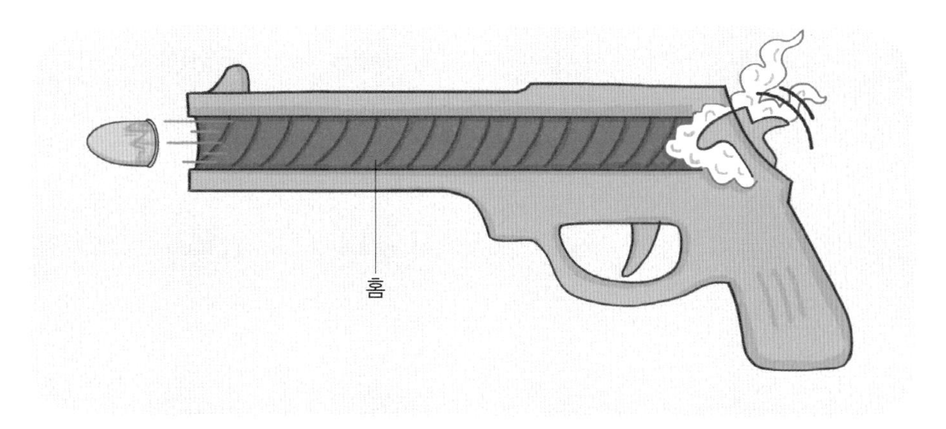

총마다 총 안쪽에 있는 홈 모양이 조금씩 달라서 총알에 난 흔적도 달라진다. 만약 범죄 현장에서 발견된 총알의 흔적이 용의자의 총으로 쏜 총알의 흔적과 같다면 용의자가 범인임을 알 수 있다.

# 자국을 채취하는 도구

홈스 박사는 탐정단 앞에 사진을 한 장 내놓았다.

"이것은 인삼 절도 사건 현장 사진이란다. 이 사진을 보고 범인이 몇 명인지 맞혀 볼래?"

"음, 신발 자국 모양이 두 종류인 걸로 보아 두 명인 것 같아요."

"그런데 줄무늬 발자국은 선명하고 바둑판무늬 발자국은 흐릿하네요."

똑똑이에 이어 꼼꼼이가 차분한 목소리로 말했다.

"오, 꼼꼼이의 관찰력이 대단하구나! 맞아, 흐릿한 **바둑판무늬** 발자국은 사건이 일어나기 전에 생긴 거란다. 선명한 줄무늬 발자국이 범인의 것이지. 따라서 범인은 한 명이야."

"박사님, 사건 현장에 신발 자국이 있다면 어떻게 채취해요?"

"신발 자국이 어디에 남아 있느냐에 따라 **채취하는 방법이 달라.** 그런데 신발 자국을 채취하기 전에 먼저 신발 자국의 특징을 가능한 자세히 기록하고 사진을 찍어 둔단다."

"아, 수사 드라마에서 사건 현장 사진 찍는 것을 봤어요."

"그래, 맞아. 신발 자국이 장판이나 시멘트 같은 딱딱한 바닥에 남아 있으면 큰 테이프를 자국에 붙였다 떼서 본을 떠. 신발 자국이 폭신한 흙에 남아 있으면 **석고**를 이용해서 본을 뜨지. 신발 자국에 석고를 붓고 굳은 뒤 떼어 내면 신발 자국 모양 그대로 본이 떠져. 석고를 이용해 채취하면 깊이, 입체적 흠집 등의 특성까지 알 수 있기 때문에 범인을 알아내는 데 더욱 도움이 되지."

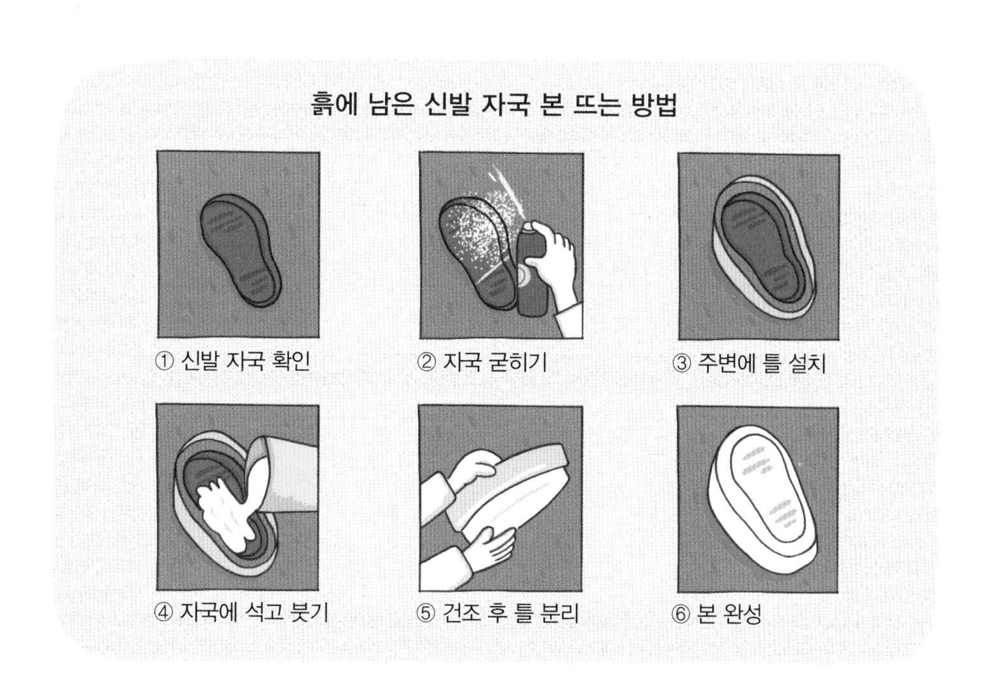

**눈밭에 남은 신발 자국 본 뜨는 방법**

① 신발 자국에 눈 프린트 왁스를 뿌린다.

② 눈 프린트 왁스가 마르면 깨지지 않게 떼어 낸다.

③ 경석고를 부어 신발 자국 본을 만든다.

"박사님, 혹시 눈밭에 남은 신발 자국도 본을 뜰 수 있나요? 눈이 금방 녹으면 신발 자국도 사라지잖아요."

"물론이지. 눈밭에 남은 신발 자국은 눈 프린트 왁스라는 것을 사용해서 본을 떠. 눈 프린트 왁스는 스프레이 캔에 담겨 있는데, 눈 위의 자국에 뿌리면 10분 이내에 말라. 이것을 깨지지 않게 조심해서 옮긴 뒤 경석고를 부어 신발 자국 본을 만들어."

"와, 눈 위의 자국도 채취할 수 있다니 정말 놀라워요!"

"박사님, 신발 자국 말고 다른 흔적들도 채취할 수 있나요?"

"그래. 자동차 바퀴도 흔적을 남기는데, 신발 자국과 마찬가지로 테이프나 석고를 사용해서 흔적을 채취한단다."

"가끔 뉴스에서 지문으로 범인을 알아냈다고 하던데, 지문은 어떻게 채취하나요?"

"너희들 셀로판테이프를 사용할 때 손가락 끝에 셀로판테이프가 붙었던

적이 있을 거야. 이럴 때 손가락에 붙은 셀로판테이프를 떼어 내서 자세히 보면 지문이 찍혀 있는 것을 볼 수 있단다."

"아, 저도 본 적 있어요. 동글동글한 지문이 흐리게 찍혀 있었어요."

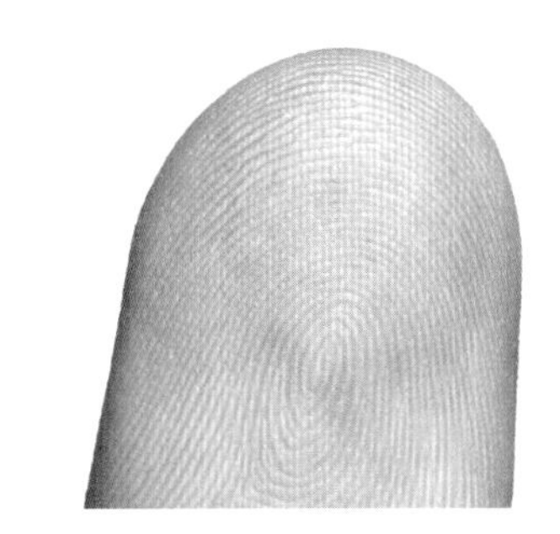
지문은 손가락 끝마디 안쪽에 있는 살갗의 무늬로, 사람마다 모양이 다르다.

"그래, 맞아. 지문은 사건 현장에서 사람 손이 닿은 곳에는 어디든 남아 있단다. 하지만 잘 보이지 않아서 특수한 가루를 살살 뿌려 잘 보이게 한 다음 셀로판테이프 같은 도구로 찍어서 지문을 채취해."

"아, 그렇군요. 그런데 지문은 다 비슷해 보이는데 어떻게 구별해요?"

"지문은 모양에 따라 크게 와상문, 제상문, 궁상문 세 종류로 나눌 수 있어. 곡선의 모양과 수 등에 따라 이를 세분화해 더 자세한 지문 유형으로 나누어 이것에 따라 지문을 분류하지. 지금은 컴퓨터를 이용해 지문 정보를 분석할 수 있어서 지문 구별을 빠르고 정확하게 할 수 있단다."

소용돌이 모양의 와상문

말굽처럼 굽은 모양의 제상문

활처럼 굽은 모양의 궁상문

"지문이 일부만 남아 있거나 잘 보이지 않는 경우도 있을 텐데, 그럴 땐 어떻게 지문을 채취해요?"

"실제로 사건 현장에서 발견되는 지문은 일부분만 남은 지문이거나 눈에 잘 보이지 않는 지문이 더 많아. 잘 보이지 않는 지문을 '잠재 지문'이라고 하는데, 이런 지문은 빛이나 화학 물질을 사용해 잘 보이게 해서 채취하지. 그리고 지문은 일부만 발견되어도 어떤 사람의 지문인지 알아낼 수 있단다."

"박사님, 지문만으로 어떻게 범인을 알아내나요?"

"채취한 지문을 데이터베이스에 저장된 지문과 대조해서 주인을 찾아내면 돼. 우리나라는 성인이 되면 주민 등록증을 만드는데, 이때 모든 손가락의 지문을 찍어. 이 지문은 자동 지문 검색 시스템에 저장되어 있어서 사

건 현장에서 지문만 찾는다면 범인을 쉽게 잡을 수 있단다."

"박사님, 혹시 지문이 없거나 지문이 똑같은 사람도 있나요? 또 지문은 한번 생기면 영원히 변하지 않나요?"

똑똑이가 홈스 박사에게 여러 가지를 한꺼번에 물었다.

"똑똑이가 궁금한 게 많구나. 지문이 없이 태어나는 사람은 거의 없어. 그런데 후천적으로 지문이 닳아서 없는 사람은 있지. 지문은 태아가 엄마의 자궁에 있을 때 만들어지는데, 모든 사람이 다 다르고 기본적인 모양은 평생 변하지 않는단다."

"범인이 장갑을 끼었다면 지문이 남지 않겠네요?"

꼼꼼이가 조용히 물었다.

"물론 장갑을 끼면 지문이 물건에 닿지 않기 때문에 지문이 남지 않아. 그 대신 장갑 자국이 남지. 이럴 때는 장갑의 표면 무늬를 검사하는 방법을 써. 같은 공장에서 만들어진 장갑이라도 장갑마다 무늬 모양이 조금씩 달라서 이것을 비교해 범죄에 사용한 장갑을 찾아낸단다."

# 숨겨진 피를 찾아라

“박사님, 범인이 사람을 죽이고 증거를 없애기 위해 **범죄 현장**에 떨어진 피를 깨끗이 닦았다면 피를 찾지 못하나요?”

“아니, 그렇지 않아. 범인이 피를 아무리 깨끗이 닦아도 어딘가에는 미세하게 혈흔이 남아 있어서 이것을 찾으면 돼.”

“피를 닦았다면 혈흔이 눈에 보이지 않을 텐데 어떻게 찾아내요?”

씩씩이가 눈을 동그랗게 뜨고 물었다.

“눈에 보이지 않는 혈흔은 ‘루미놀’이라는 시약을 이용해서 찾아. 이 시약은 물질의 성분을 알아내는 데 쓰는 것으로, 아주 예민해서 극히 적은 양의 혈액에도 반응해. 수만 배나 묽어진 혈액에도 반응할 정도야.”

“루미놀을 이용해 어떻게 **혈흔**을 찾아요?”

혈액이 묻은 물건에 루미놀 용액을 뿌리고 주위를 어둡게 하면 혈액 속에 있는 물질과 루미놀 용액이 반응해 형광색을 띤다.

"혈흔이 있을 것 같은 장소나 증거물에 루미놀 용액을 뿌리면 돼. 만약 혈흔이 있는 곳이라면 루미놀 용액이 혈액 속에 있는 헤민이라는 물질과 만나 반응해서 파란 형광색을 띠거든."

"아하, 그럼 루미놀만 있으면 범인이 아무리 혈액을 숨기려고 해도 찾아내는 건 문제없겠네요?"

"그렇지. 그런데 한 가지 주의할 게 있어. 루미놀은 혈액이 아닌 것에도 반응하여 마치 혈액처럼 형광색을 내기도 해. 그래서 루미놀로 혈흔을 찾아낸 다음에 그것이 혈흔인지를 확인하는 절차를 거쳐. 이것을 LMG 시험이라고 해. LMG 시험은 루미놀 검사보다 예민하지는 않지만 혈액하고만 반응하기 때문에 혈액인지 아닌지를 확인하는 용도로 사용한단다."

"과학 수사를 잘하려면 다양한 과학 지식을 많이 알아야겠네요."

"물론이지. 과학이 바탕이 되는 수사이니까."

홈스 박사의 말에 어린이 탐정단은 고개를 끄덕였다.

# 과학 수사의 꽃, 유전자 분석 기술

"이제 좀 어려운 기술을 설명해 줄게. 어렵긴 한데 **과학 수사의 *꽃**이라고 할 만한 기술이니까 잘 들어 봐."

"과학 수사의 꽃이오? 그게 뭔데요?"

"바로 유전자 분석 기술이야. DNA 분석 기술이라고도 하지. 아까 확률을 설명할 때 유전자 분석에 대해 이야기했던 거 기억하지? DNA는 유전자의 본체로, 사람의 세포 속에 들어 있어. DNA의 특정 부위에 개인마다 고유한 유전 정보를 담고 있는 유전자가 있어서 이것을 분석하면 범인을 알아낼 수 있단다."

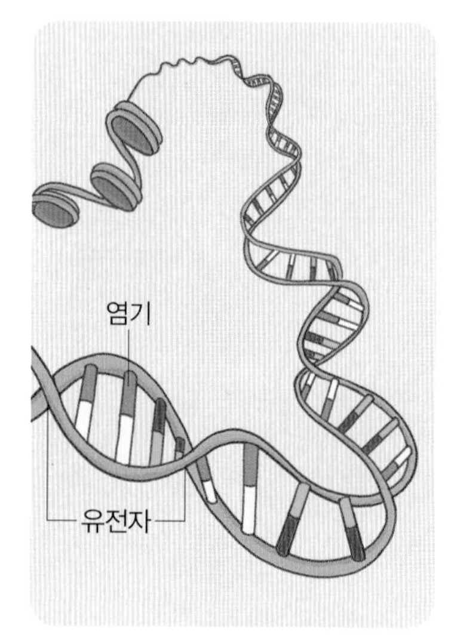

DNA는 꼬인 사다리 모양으로, 질소를 함유하는 유기 화합물인 염기가 붙어 있다.

"우와, 대단한 기술이네요."

씩씩이가 흥미를 보이며 말했다.

"유전자 분석 기술에는 몇 가지가 있는데, 우리나라를 포함한 대부분의 나라에서 단연쇄반복(STR)이라는 분석 방법을 사용해. 유전자에는 2~4개의 염기가 반복되는 부분이 있는데, 사람마다 염기가 반복되는 횟수가 다른 것을 이용해 분석하는 방법이지."

"우리나라에서는 유전자 분석을 언제부터 시작했어요?"

"우리나라는 1989년에 연구를 시작해 1992년에 처음으로 유전자 분석을 실제 사건에 적용하여 성범죄 사건을 해결했어. 우리나라의 유전자 분석

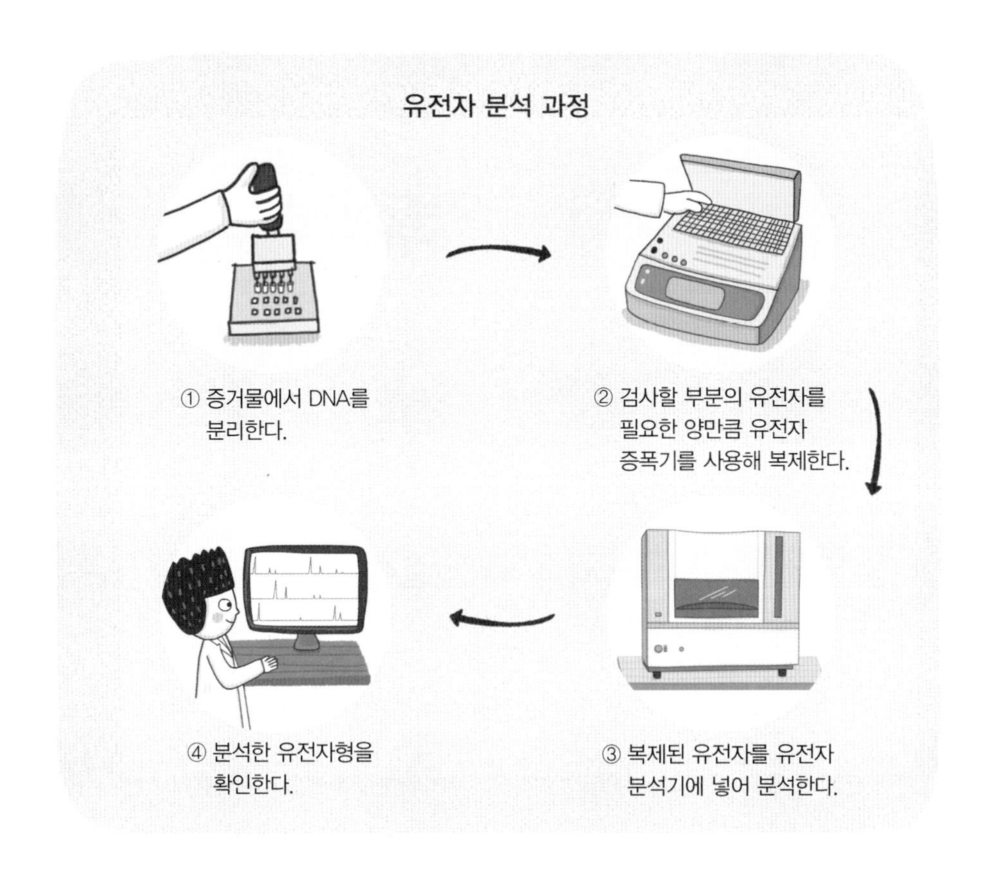


기술은 역사가 짧지만 삼풍 백화점 붕괴 사고 희생자 신원 확인, 서래 마을 영아 살해 유기 사건 등 수많은 사건을 해결하는 데 결정적인 역할을 했단다."

"유전자 분석 기술이 없었을 때는 어떻게 범인을 확인했나요?"

"그때는 혈액, 담배꽁초나 껌에 묻은 침, 땀 같은 분비물로 혈액형을 분석했지. 하지만 혈액형은 A형, B형, AB형, O형이 전부이기 때문에 그것으로 범인을 알 수 있는 확률이 많이 떨어져. 혈액형이 같은 사람은 많으니까 다른 증거 없이 혈액형이 같다는 이유만으로 범인이라고 할 수 없지. 결국 다른 수사 결과를 참고하여 범인임을 증명해야 하는 어려움이 있었어. 이제는 유전자 분석 방법 같은 첨단 분석 방법을 사용해서 범인을 보다 쉽게 잡는단다."

"박사님, 유전자가 있는 DNA는 어디에서 채취할 수 있나요?"

"우리 몸을 구성하는 모든 것에는 DNA가 있어서 우리 몸에서 나온 모든 증거물에서 DNA를 채취할 수 있어."

"정말요? 그러면 손톱이나 뼈에도 DNA가 있나요?"

"당연하지. 손톱과 뼈도 세포로 이루어져 있어서 DNA가 있어. 범죄 현장에서는 범인의 혈액이나 머리카락, 피부 조각 같은 증거물을 찾을 수 있는데, 이것에서 DNA를 채취해 유전자를 분석하면 그 사람만의 고유한 유전자형을 얻을 수 있지. 이것을 용의자의 유전자형과 비교하면 용의자가 범인인지 아닌지를 알 수 있단다."

"한 사람의 유전자형은 시간이 지나도 변하지 않나요?"

"그렇단다. 사람의 유전자형은 태어나서 죽을 때까지 변하지 않아. 또 한 사람의 피부, 머리카락, 손톱, 뼈, 혈액 등에 있는 유전자는 모두 같아. 어떤 범인이 10년 전에 아파트에서 절도를 하다 머리카락을 떨어뜨렸고, 5년 후에 다른 단독 주택에서 절도를 하다 담배꽁초를 버렸고, 2년 후에 또 다른 곳에서 절도를 하다 손에 상처를 입어 피를 흘렸다고 가정해 보자. 시간이 다르고 증거물이 다르지만 같은 사람이 범죄를 저질렀기 때문에 머리카락, 담배꽁초, 피에서 모두 같은 유전자형이 검출된단다."

"박사님, 유전자은행이라는 것이 있나요? 저는 그 말을 처음 들었을 때 돈을 저금하는 은행인 줄 알았는데 아니더군요. 유전자은행에 대해서도 알려 주세요."

"과학 수사 분야에서는 유전자은행을 DNA 데이터베이스라고도 하는데, 범죄 현장에서 수거된 증거물에서 나온 유전자형과 범죄를 저지른 범죄자들의 유전자형을 데이터베이스에 입력해 관리하는 시스템을 말해. 우리나라는 2010년 7월 26일에 관련 법이 시행되었고, 데이터베이스가 만들어지기 시작했어. 이 법의 이름은 '디엔에이(DNA) 신원 확인 정보의 이용 및 보호에 관한 법률'이야."

"와, 유전자은행이 있으니까 범죄를 저지른 사람이 다른 범죄를 저지르면 쉽게 잡을 수 있겠네요?"

"그렇지. 증거물에서 나온 유전자를 분석해 유전자은행의 자료와 비교하면 범인을 빨리 잡을 수 있어. 유전자은행은 범죄를 예방하는 효과도 있어. 범죄자들이 자신의 유전자형이 데이터베이스에 보관되어 있는 것을 알면 다른 범죄를 쉽게 저지르지 못하니까 범죄가 크게 줄어들 수 있지."

# 거짓말을 밝혀라

홈스 박사가 어린이 탐정단에게 녹화된 영상을 보여 주었다.

"너, 내 빵 가져갔지?"

"아, 아니야. 내가 왜 네 빵을 가져가?"

"에이, 얼굴에 거짓말한다고 쓰여 있는데 왜 우기니?"

"**아니라니까!** 내가 무슨 거짓말을 한다고 그래?"

영상이 끝나자 홈스 박사가 말했다.

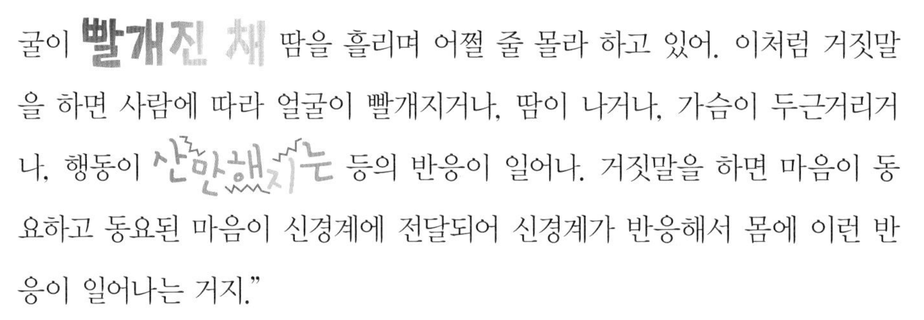

"방금 본 영상에서 거짓말한 친구는 얼굴이 **빨개진 채** 땀을 흘리며 어쩔 줄 몰라 하고 있어. 이처럼 거짓말을 하면 사람에 따라 얼굴이 빨개지거나, 땀이 나거나, 가슴이 두근거리거나, 행동이 **산만해지는** 등의 반응이 일어나. 거짓말을 하면 마음이 동요하고 동요된 마음이 신경계에 전달되어 신경계가 반응해서 몸에 이런 반응이 일어나는 거지."

"와, 몸이 자기도 모르게 거짓말한다는 것을 드러내는 거네요?"

"그렇단다. 이처럼 감정 변화에 따라 우리 몸이 반응하는 것을 기계로 탐지해 거짓말인지 아닌지를 알아내는 방법이 있는데, 바로 거짓말 탐지 검사란다. 범인으로 의심되는 사람이 거짓말하는지 여부를 잘 알 수 없을 때 거짓말 탐지기를 이용해 그 사람의 말이 참인지 거짓인지를 가려내지."

"거짓말하는 것을 어떻게 알아내는데요?"

"검사관이 용의자에게 여러 가지 질문을 하고 그 사람이 대답할 때 거짓말 탐지기로 몸의 반응을 측정해서 알아낸단다. 이때 검사관은 사건 내용을 잘 파악하여 용의자의 자율 신경계를 자극해 몸의 반응을 일으킬 만한 질문을 하지."

"검사 방법에 대해 좀 더 자세히 알려 주세요."

"거짓말인지 알아내는 방법으로는 긴장 검사법과 일반 질문 검사법이 있어. 긴장 검사법은 범죄와 관련된 특정한 사실을 알고 있는지를 검사하는 방법이야. 만약 범인이 지갑을 훔쳤다면 훔친 지갑과 같은 지갑을 포함한 여러 종류의 지갑을 보여 주며 질문을 해. '1번 지갑을 훔쳤나요?', '2번 지갑을 훔쳤나요?'와 같이 말이야. 범인이 훔친 지갑과 같은 지갑에 대한 질문에 거짓말로 대답하면 마음이 동요해 몸이 변화를 일으키고 거짓말 탐지기가 이것을 탐지하지."

"아, 긴장 검사법은 여러 가지 상황을 나열하고 특정한 질문에 몸이 어떻게 반응하는지 보는 거군요."

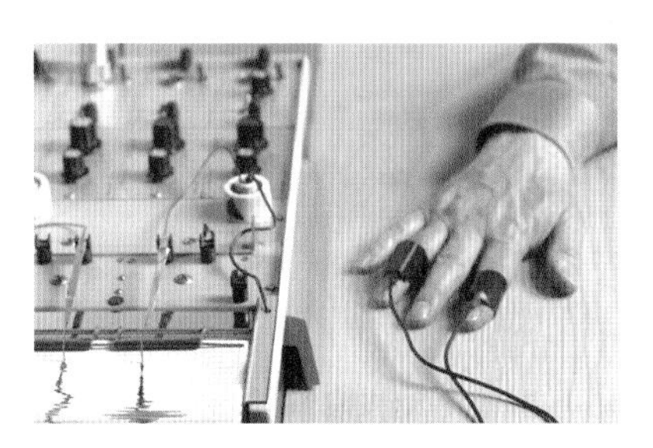
거짓말 탐지기는 말하는 사람의 심장 박동수와 혈압 등을 측정하여 모니터에 수치로 나타낸다.

"그렇단다. 반면에 일반 질문 검사법은 사건과 관련 있는 사실을 직접 묻는 방법이야. 예를 들면 '당신은 10월 1일에 홍지형 씨의 가방에서 지갑을 훔친 적이 있나요?'와 같이 물어서 몸의 반응을 측정하는 거지."

"거짓말 탐지기는 구체적으로 무엇을 측정하나요?"

똑똑이가 이야기를 듣다가 질문했다.

"사람이 거짓말할 때의 호흡, 맥박, 혈압, 피부의 전기 반응 등을 검사해. 이것을 측정하기 위해 가슴, 배, 팔, 손가락 등에 측정기를 연결해서 거짓말할 때 일어나는 변화를 작은 것까지 놓치지 않고 측정하지."

"거짓말을 알아내는 다른 방법도 있나요?"

꼼꼼이도 궁금한 것을 물었다.

"최근에는 뇌파 분석을 통한 거짓말 탐지 검사를 하고 있어. 사람은 자기가 아는 것을 보면 무의식중에 뇌에서 특정한 뇌파가 발생해. 그래서 용의자에게 범죄와 관련된 사진이나 단어를 보여 주고 이때 발생하는 뇌파를 분석하여 거짓말 여부를 가려내지. 이것을 '뇌 지문'이라고도 해. 이 방법은 85~95% 정도까지 정확하게 거짓말 여부를 측정할 수 있어."

"와, 거짓말할 때 특정한 뇌파가 발생한다니 몸은 정말 신기해요."

"범죄자들은 자기의 범죄 행위를 감추기 위해 거짓말을 하지만 요즘에는 거짓말 탐지 검사 덕분에 거짓말하는 것을 숨길 수 없게 되었단다."

갑자기 씩씩이가 꼼꼼이를 툭 치며 말했다.

"꼼꼼이 너, 거짓말한 적 있지?"

"뭐? 내가 언제 거짓말을 했다고 그래?"

"에이, 얼굴이 빨개진 걸 보니 거짓말했네."

"네가 갑자기 그런 말을 하니까 놀라서 그러는 거야. 너, 왜 그래?"

꼼꼼이는 씩씩이를 노려보다가 홈스 박사에게 물었다.

"박사님, 화가 나거나 흥분할 때도 얼굴이 빨개지잖아요. 거짓말할 때와 어떻게 달라요?"

"화가 나거나 흥분할 때도 마음의 변화가 신경계에 영향을 주어 몸이 반응하는 거니까 같은 원리야. 그래서 거짓말한 경우에 나타나는 여러 가지 반응을 모두 관찰해서 종합하여 거짓말인지를 가려낸단다."

# 범인이 찍힌 CCTV 영상

"박사님, 뉴스를 보면 가끔 CCTV에 찍힌 범인의 모습을 보여 주던데 그 영상도 범인을 잡는 증거가 되나요?"

"허허, 똑똑이는 평소에 뉴스를 유심히 보는구나. 맞아. CCTV 영상은 중요한 증거란다. 요즘은 어디에서나 CCTV를 쉽게 볼 수 있어. 교통량 측정, 과속 단속, 도난 방지, 방범용 등과 같은 다양한 목적으로 CCTV가 곳곳에 설치되어 있지."

CCTV 영상으로 범인이 범죄 현장에 있었다는 것을 증명할 수 있다.

"맞아요. 저희 학교 운동장에도 CCTV가 있어요."

"그래, 최근에는 범죄를 예방하기 위해 골목길과 범죄 발생 우려 지역 등에 집중적으로 설치되어 있지. CCTV는 우리 생활과 아주 밀접하단다."

"CCTV가 아주 많으니까 범인이 CCTV가 없는 곳에서 범죄를 저질렀어도 주변 어딘가에는 반드시 범인의 모습이 찍히겠네요?"

씩씩이가 물었다.

"그렇지. 어딘가에는 반드시 범인 모습이 찍혀 있을 거야. 아무리 재주가 뛰어난 범인이라도 CCTV망을 벗어나는 건 쉽지 않거든. CCTV는 범죄를 예방하는 데 효과가 있을 뿐만 아니라 범죄를 해결하는 데도 중요한 역할을 한단다."

“그런데 CCTV 영상을 보면 흐려서 잘 보이지 않을 때도 있던데요. 또 범인의 옆모습이나 뒷모습만 찍힌 경우도 많고요. 그럴 땐 어떻게 해요?”

“그래, 똑똑이 네 말처럼 영상이 흐리거나 범인 얼굴이 정면으로 찍히지 않은 경우가 많아. 이럴 때는 영상 전문가의 도움을 받는단다. 영상이 흐린 경우에는 찍힌 영상을 여러 가지 색깔로 분해한 다음, 필요 없는 영상을 없애고 영상의 외곽선을 강조해. 그리고 밝기와 색을 조절하여 영상을 선명하게 만들어서 범인의 모습을 확인하지. 만약 범인의 옆모습이나 뒷모습이 찍힌 경우에는 범인과 용의자의 옆모습이나 뒷모습 외곽선을 비교해 범인인지 아닌지를 확인한단다. 이런 작업을 할 수 있는 프로그램들이 개발되어 쉽게 이용할 수 있지.”

“와, 흐린 영상도 선명하게 할 수 있다니 기술이 대단하네요.”

“요즘엔 CCTV 때문에 범인들이 쉽게 범죄를 저지를 수 없겠어요.”

# 목소리로 범인을 잡다

"너희들 사람의 목소리로 범인을 잡았다는 이야기를 들어 본 적 있니?"

"목소리로 범인을 잡는다고요?"

씩씩이가 깜짝 놀라 소리쳤다.

"허허, 그래. 사람은 목소리를 내는 성대의 생김새가 각각 다르고 말하는 습관도 다르기 때문에 사람마다 목소리가 다르단다. 그래서 목소리를 분석하면 목소리 주인을 알 수 있지. 유괴, 납치, 협박 같은 사건에서 증거가 녹음된 **범인의 목소리**뿐인 경우 목소리를 분석하면 범인의 단서를 찾을 수 있어."

"박사님, 언제부터 사람의 목소리를 분석하기 시작했어요?"

"사람의 목소리, 즉 음성을 분석하기 시작한 것은 아주 오래전인데, 1960년대에 들어서 목소리로 사람을 식별하는 연구가 본격적으로 이루어졌어. 미국의 벨 연구소에서 연구한 결과에 따르면 사람의 음성은 지문처럼 개인마다 독특한 특징을 가지고 있어서 사람을 식별할 수 있고, 그 정확도가 99% 이상이라고 한다는구나."

"우아, 정확도가 거의 100%에 가깝네요."

"그렇지. 1960년대 후반에 미국 미시간 주 경찰의 의뢰로 미시간 주립대학에서 음성으로 사람을 식별하는 연구를 하였는데, 음성에 의한 식별은 정확도가 높아서 믿을 수 있는 방법이라고 결론지었단다. 이때부터 미국에서는 음성으로 사람을 식별하는 것이 과학적으로 인정되었고 음성 분석 결과가 각종 범죄 사건의 법정에서 인정받기 시작했어."

"우리나라는 언제부터 과학 수사에 음성 분석을 활용했어요?"

"우리나라의 경우 1980년대 초에 음성에 대한 감정이 시작되어 본격적으로 범죄 수사에 이용했어. 1987년 원혜준 양 유괴 사건 때 녹음된 범인의 음성과 비슷한 50여 명의 음성을 분석, 비교하여 동일인을 찾아내 범인을 잡았단다. 국립과학수사연구원에는 음성 분석실이 있어서 여러 사건들에서 확보한 음성을 많은 범죄 사건을 해결하는 데 쓰고 있어."

"음성 비교는 어떻게 하나요?"

"사람의 음성은 여러 가지 파동이 혼합된 복합파인데, 음성 분석 장치를 이용하면 이 복합파를 눈으로 볼 수 있는 줄무늬 모양의 그림으로 나타낼 수 있어. 따라서 음성 분석 장치에 나타난 범인의 음성 무늬와 용의자

의 음성 무늬를 비교하면 두 음성이 동일한 사람의 것인지를 알 수 있지. 음성 비교는 비교하고자 하는 두 음성에서 같은 말을 찾아 비교해. 비교할 단어는 여러 번 반복하거나 명확하고 **크게** 발음한 단어가 좋아. 말한 사람을 정확하게 식별하기 위해서는 20개 이상의 단어가 필요하단다."

"음성으로 무엇을 알 수 있어요?"

남자는 성대가 여자보다 굵고 길기 때문에 진동수가 적어 낮은 목소리를 낸다.

"먼저 남자인지 여자인지를 알 수 있지. 보통 남자의 목소리가 여자의 목소리보다 낮고 굵어. 소리의 **높낮이**는 1초 동안의 진동 횟수인 주파수와 관계가 있는데, 고음은 주파수가 높고 저음은 주파수가 낮아. 주파수는 헤르츠(Hz)라는 단위로 나타내. 여자의 목소리는 약 240Hz, 남자의 목소리는 약 120Hz 이지. 또 음성으로 나이와 어느 곳에서 살았는지를 알 수 있어. 음성은 오랜 습관의 영향을 받기 때문에 발음의 특징, 억양, 세기 등에 따라서 말하는 사람이 어느 지역 출신인지를 알 수 있지. 우리가 사투리만 듣고도 말하는 사람이 경상도 사람인지 전라도 사람인지를 알 수 있는 것과 같아."

"아, 그래서 목소리만 듣고 아는 사람을 구별할 수 있나 봐요."

"박사님, 다른 사람의 목소리를 아주 비슷하게 **흉내 내는** 사람도 있잖아요. 그런 사람의 목소리도 음성 분석 장치로 구분할 수 있나요?"

똑똑이가 궁금한 점을 질문했다.

"물론이지. 목소리에는 그 사람만의 **독특한** 특징이 있기 때문에 아무리 목소리를 똑같이 흉내 내도 기계까지 속일 수는 없단다."

"와, 정말 똑똑한 기계네요."

## 눈에 잘 보이지 않는 미세 증거물

"범죄 현장에는 눈에 잘 보이지 않더라도 사건을 푸는 중요한 열쇠가 되는 증거가 수없이 많단다."

"아무리 중요해도 눈에 잘 보이지 않으면 소용없잖아요."

꼼꼼이가 투덜거렸다.

"꼼꼼아, 걱정하지 않아도 돼. 미세 증거물 분석 기술이 있거든."

"미세 증거물 분석 기술이오?"

"그래. 미세 증거물 분석은 눈에 잘 보이지 않는 아주 작은 증거물을 분석하여 과학 수사에 활용하는 방법이야. 범죄 현장에는 범인이 남긴 물리적, 화학적 미세 물질이 많이 있단다. 이런 미세 물질들을 분석해서 용의자의 것과 동일한지 여부를 확인함으로써 범인을 찾을 수 있지."

"눈에 잘 보이지도 않는 것이 증거가 되다니, 과학 기술은 놀라워요!"

"그렇지? 우리 생활에서 쉽게 볼 수 있는 많은 것이 미세 증거물이 될 수 있어. 요즘에는 범인들이 지문이나 피 같은 증거를 남기지 않으려고 조심하기 때문에 미세 증거물이 더 중요해졌단다. 범죄와 가장 관련 있는 미세 증거물을 몇 가지 알아볼까? 너희들 생각에는 무엇이 있을 것 같니?"

"왠지 옷과 관련된 것이 있을 것 같아요. 옷은 항상 입고 다니니까요."

"맞아. 옷은 섬유로 만드는데, 섬유는 옷뿐만 아니라 침구, 장식품, 양탄자, 자동차 시트 등 우리 일상생활에서 쓰이지 않는 곳이 없어. 그래서 섬유는 범죄 현장에서 쉽게 얻을 수 있는 증거물 중 하나야. 만약 용의자가 범죄 현장에 있었다면 현장에 있는 섬유가 용의자의 옷이나 차에 묻을 수

있고, 반대로 용의자의 옷에 있는 섬유가 범죄 현장에 떨어졌을 수도 있어. 용의자의 옷이나 현장에서 찾은 섬유를 분석하면 용의자가 범죄 현장에 있었다는 것을 증명할 수 있지."

"섬유는 잘 보이지 않는데 어떻게 찾아내요?"

"섬유의 올은 매우 미세하기 때문에 보통 확대경을 사용해서 찾아내. 찾아낸 섬유는 현미경이 장착된 분석기를 이용하여 형태, 재질 및 색깔을 분석해 섬유의 종류를 확인하지. 섬유는 옷을 만들 때 염색을 해서 모두 색깔이 다르고 목적에 따라 사용된 섬유의 종류도 매우 다양해. 섬유가 어떤 색깔인지, 섬유를 인공적으로 합성하여 만들었는지, 자연에서 얻

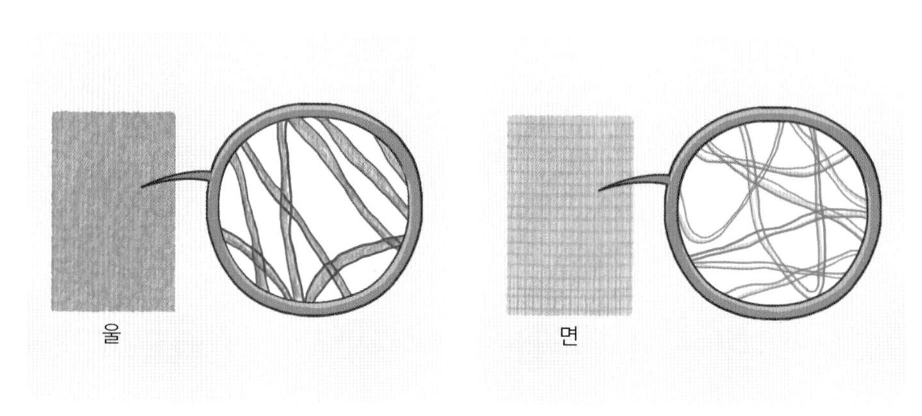


현미경으로 본 울 섬유 현미경으로 본 면섬유

은 재료로 만들었는지, 자연에서 얻은 재료라면 어떤 종인지, 합성한 섬유라면 어떤 광학적 특성이 있는지 등을 분석하여 범죄 현장의 섬유와 용의자 몸에 있던 섬유가 같은 것인지를 알아본단다."

"섬유는 겉으로 보기에 모두 비슷해서 증거가 되지 않을 것 같은데, 미세 증거물 분석 기술이 있어서 증거가 될 수 있군요."

"그렇지. 우리 주변에서 쉽게 볼 수 있는 페인트도 미세 증거물이야. 페인트는 건물과 물건을 보호하고 아름답게 하기 위해 사용하는데, 의자, 자동차, 집 등 작은 물건에서 큰 건물까지 다양하게 쓰이지."

"페인트 증거물은 주로 어떤 범죄 사건에서 사용되나요?"

"교통사고의 범인을 찾을 때 많이 사용돼. 어떤 사람이 자동차로 사람을 치고 도망갔다면 피해자 옷에 묻은 자동차의 페인트를 분석하여 뺑소니 차량의 색깔을 알아낼 수 있지. 또 차량마다 페인트 성분이 미세하게 차이 나서 페인트 성분을 분석하면 차를 만든 회사, 차의 종류, 차를 만든 연도 등을 알 수 있어. 그래서 사람을 친 차가 어떤 차인지 수사망을 좁혀 범인을 찾지."

"페인트 검사는 어떻게 해요?"

"페인트 검사는 보통 겉으로 드러난 점을 검사하는 외관 검사와 현미경 검사, 그리고 각종 분석 장비를 사용한 성분 분석 검사 등이 있어. 이러한 검사를 통해 페인트의 색깔, 형태, 성분 등을 분석하지."

"히히, 예전에 누나가 제 가방에 먹물을 묻히고 시치미를 떼다 엄마한테 걸려서 혼난 적이 있어요. 우리 집에서 서예를 배우는 건 누나뿐이었거든요. 페인트로 범인 찾는 게 그것과 비슷하네요."

"허허, 엄마가 과학 수사를 하셨구나!"

홈스 박사와 어린이 탐정단은 깔깔거리며 크게 웃었다.

# 흙과 유리도 중요한 증거야

"너희들과 아주 밀접한 관련이 있는 미세 증거물이 또 있단다. 혹시 무엇인지 알겠니?"

"음, 저희랑 밀접하다고요? 잘 모르겠는데요."

똑똑이가 고개를 갸웃거렸다.

"바로 흙이란다. 흙은 범인의 신발, 옷, 차바퀴 등에 쉽게 묻을 수 있어. 범인의 신발이나 차에서 발견된 흙이 피해자가 발견된 곳의 흙과 같다면 범인이 범죄 현장에 있었다는 것을 밝힐 수 있는 중요한 증거가 되지."

"우리 주위에 있는 흙은 거의 다 비슷하지 않나요?"

"흙은 겉보기에 비슷해 보이지만 흙을 이루는 물질이 달라서 자세히 보면 색깔이 조금씩 달라. 흙은 기본적으로 광물로 이루어져 있는데, 흙이 있는 위치에 따라 광물의 종류가 다르고 조합도 달라. 또 흙에 들어 있는

유기물과 물의 양도 다르지. 따라서 흙은 지역마다 광물 조성이 다르고 광물의 색깔, 유기물과 물의 함량이 달라서 다양한 색을 띤단다."

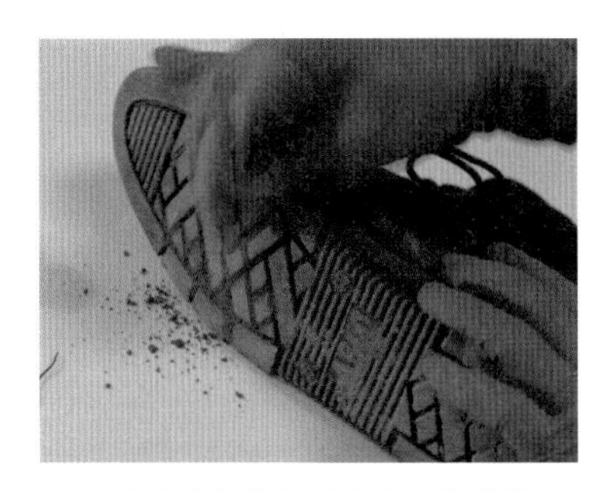
범죄 현장에서 찾은 신발에 묻은 흙을 채취하고 있다.

"흙은 어떻게 분석해요?"

"주로 색깔, 입자의 크기, 성분을 검사해. 흙 색깔은 눈으로 구별해도 되는데 같은 흙이라도 보는 사람마다 색깔을 다르게 표현할 수 있어서 정확한 색깔을 판단하기 위해 표준색 차트를 사용해서 구별해. 흙을 이루는 입자의 크기를 측정할 때는 구멍의 크기가 다른 체로 여러 번 걸러서 입자를 크기별로 구분한 다음, 체를 통과한 물질의 무게를 달아 측정해. 그리고 성분 검사는 특수한 장비를 사용하여 흙의 성분이 무엇인지를 분석하지. 이런 특징을 종합하면 범죄 현장의 흙과 용의자에게서 채취한 흙이 같은지 다른지 알 수 있단다."

"사람이 흙을 묻히지 않고 돌아다닐 수는 없으니까 흙이 증거가 된다면 정말 유용하겠네요."

"흙 다음으로 많은 증거가 유리란다. 범인이 범죄 현장에서 유리를 깼다면 유리 조각이 범인의 옷이나 신발에 묻어 있을 확률이 높아. 만약 용의자의 옷에 묻은 유리 조각이 범죄 현장의 유리와 같다는 것을 증명하면 용의자가 범죄 현장에 있었다는 것을 밝혀낼 수 있지."

"유리는 거의 다 비슷해 보이는데, 용의자 옷에 묻은 유리와 범죄 현장의 유리가 같다는 것을 어떻게 증명해요?"

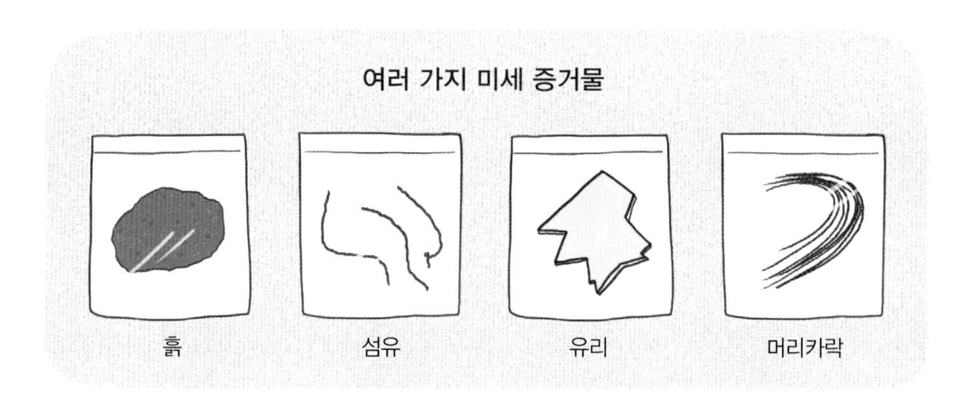


"유리는 보통 모래의 주성분인 규소 산화물에 각종 첨가제를 섞어서 만들어. 그런데 건축용 유리, 그릇을 만드는 유리, 자동차 유리 등 사용 목적에 따라 만드는 방법과 재료가 달라서 유리의 특성이 조금씩 달라. 따라서 용의자의 옷에서 발견한 유리 조각과 범죄 현장의 유리를 분석해 특성이 같다면 같은 유리라고 할 수 있지."

"흙이나 유리 조각 같은 것들도 범인을 잡는 증거가 될 수 있다니 생각도 못해 봤어요. 증거가 될 만한 것이 이렇게 많으니, 범인이 자기도 모르게 어딘가에는 증거를 남기겠네요. 이런 아주 작은 증거를 찾아내려면 시력이 2.0 이상 되어야 할 것 같아요."

열심히 듣고 있던 씩씩이가 말했다.

"그래, 아무리 작은 미세 증거물이라도 사건을 해결하는 데 중요한 증거가 될 수 있어. 하지만 미세 증거물은 눈에 잘 보이지 않기 때문에 그냥 지나치기 쉬워. 미세 증거물을 놓치지 않으려면 무엇이 증거가 되는지 잘 알아야 하고, 범죄 현장을 조사할 때 항상 미세 증거물을 염두에 두고 조사해야 해. 그렇지 않으면 중요한 증거를 놓쳐서 사건을 해결하지 못할 수도 있거든."

"범죄 현장을 조사할 때는 아주 꼼꼼하게 살펴보아야 할 것 같아요."

꼼꼼이가 힘을 주어 말했다.

"그래, 아주 작은 것이라도 무시하면 안 돼. 요즘에는 미세 증거물이 사건을 해결하는 데 결정적인 역할을 하는 경우가 많아. 범죄 현장에서는 모든 것을 주의 깊게 보는 자세가 필요해. 이렇게 많은 것을 알았으니까 너희들도 현장에서 증거를 하나도 놓치지 않을 수 있겠지?"

"네! 아무리 작은 증거물이라도 절대로 그냥 넘어가지 않겠습니다."

씩씩이가 결의에 찬 목소리로 말했다.

# 조선 시대의 과학 수사

조선 시대 정조 때 황해도에서 젊은 여인이 죽은 채로 발견되었다. 시체는 닭장 옆 짚 더미에서 발견되었는데, 목에 상처가 있고 줄이 매여 있었다. 해당 관청의 수령이 사건 현장에 와서 검시를 했는데 1차 결과는 목에 상처가 있지만 목을 맨 흔적이 있고 손에는 남에게 죽임을 당할 때 나타나는 방어 흔적이 없다는 이유로 자살로 판정되었다.

하지만 1차 검시 결과에 의문점이 있어서 2차 검시를 실시했다. 그러나 2차 검시 결과도 마찬가지로 자살로 결론 났다. 1차 검시와 같이 방어 흔적이 없고 목에 난 상처는 자살을 하려고 목을 맸다가 실패하자 스스로 목을 찌른 것으로 보인다

는 것이 이유였다. 그런데 1차 검시에서 발견된 목을 맨 흔적이 2차 검시에서는 보이지 않았는데 그것은 고려되지 않았다.

이런 기록들이 모두 관찰사에게 넘어갔고 관찰사가 그것을 검토하다가 이해할 수 없는 점을 발견하였다. 또 죽은 여인의 가족들이 여인은 자살할 리가 없다며 계속 억울함을 호소하자 관찰사는 모든 내용을 정조에게 보고하였다. 정조는 사건을 철저히 밝혀 억울함이 없도록 하라고 지시하였다.

결국 다시 수사가 진행되었고 재수사 결과 시어머니와 하인들이 사건을 자살로 조작한 것이 드러났다. 재수사에서는 시체에 방어 흔적이 없는 것을 중국의 법의학서인 〈무원록〉에서 '남에게 급소를 찔리면 저항할 수 없어 방어 흔적이 없다.'라는 내용으로 설명하였고, 목을 맨 흔적이 있다가 나중에 없어진 것은 여인이 죽은 뒤에 누군가 시체를 목매달았기 때문이라고 결론 내렸다. 결국 시어머니와 하인들은 벌을 받았다. 하마터면 억울한 죽음이 될 뻔한 사건이 여러 단계의 검증을 거치면서 진실이 밝혀진 것이다.

조선 시대에도 범죄를 예방하기 위해 죄를 지은 사람들에게는 엄한 벌을 내렸다. 조선 시대의 형벌은 태형, 장형, 도형, 유형, 사형 등이 있었다. 태형, 장형은 죄인의 볼기를 치는 형벌인데, 장형이 좀 더 중한 형벌이었다. 그리고 도형은 오늘날의 징역형에 해당하고, 유형은 죄인을 귀양 보내는 형벌이고, 사형은 죄인의 목을 매어 죽이는 교형과 목을 베어 죽이는 참형이 있었다. 군, 현의 수령은 장형 이하, 관찰사는 유형 이하의 형벌을 집행하였고, 사형은 왕의 허가를 받아야 집행할 수 있었다.

6학년 1학기 과학 3. 렌즈의 이용

## 현미경 속의 렌즈는 어떤 역할을 할까?

A

렌즈는 수정이나 유리를 갈아서 만든 투명한 물체이다. 현미경 속에는 볼록 렌즈가 들어 있다. 볼록 렌즈는 렌즈의 가운데 부분이 양 끝보다 두꺼운 렌즈이다. 볼록 렌즈는 빛을 모아 주어 가까운 거리에 있는 물체를 크게 보이게 한다. 하지만 물체와 렌즈의 거리에 따라 물체가 흐릿하게 보이거나 거꾸로 보이기도 한다. 현미경으로는 볼록 렌즈와 물체의 거리를 적절하게 조절하여 작은 물체나 물체의 일부분을 크게 볼 수 있다.

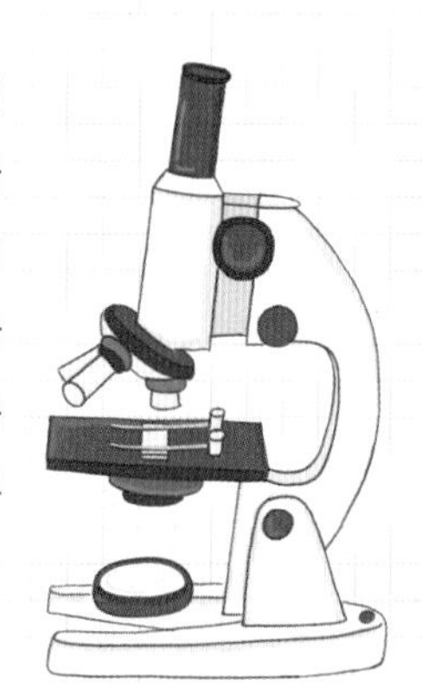

## 지문을 어떻게 채취할까?

지문은 손가락 끝마디 안쪽에 있는 살갗의 무늬이다. 사람마다 지문이 다르기 때문에 지문으로 사람을 식별할 수 있다. 그래서 범죄 현장에서는 범인을 찾기 위해 물건이나 건물에 묻은 지문을 채취한다.

지문을 채취하는 방법은 여러 가지이다. 간단하게는 지문에 알루미늄 가루를 뿌려 지문이 선명하게 드러나면 끈끈하고 투명한 테이프로 찍어서 채취한다. 그리고 잘 보이지 않는 지문은 형광 가루를 뿌리고 자외선 같은 특정한 빛을 비추어 지문을 드러나게 한 뒤에 채취한다. 또 특수한 카메라로 지문을 찍기도 한다.

## 혈액의 흔적을 어떻게 찾을까?

A

혈액의 흔적은 보통 맨눈으로 확인할 수 있다. 하지만 범인이 혈액을 깨끗이 닦았다면 눈에 잘 보이지 않는다. 범죄 현장에서는 아주 적은 양의 혈액까지 찾아내는 것이 중요하다. 눈에 보이지 않는 혈흔을 찾아내는 데 주로 사용하는 시약이 루미놀이다. 루미놀은 혈액을 만나면 형광을 내는 성질이 있다. 혈흔이 있을 것 같은 장소나 물건에 루미놀 용액을 뿌리고 주변을 어둡게 한 뒤 형광을 내는지 확인하여 혈흔을 찾아낸다.

## 거짓말 탐지기는 어떤 변화를 측정할까?

거짓말 탐지기는 거짓말할 때 일어나는 신체의 변화를 측정하여 그 사람이 거짓말을 하는지 아닌지를 알아내는 기계이다. 주로 호흡의 빠르기, 혈압의 높낮이, 맥박 수의 증가, 피부 전기 반응의 강약에 차이가 생기는 것을 기록한다. 이런 생리 현상은 대부분의 사람이 마음대로 조절할 수 없기 때문에 거짓말을 알아내는 데 사용된다.

출입 금지 - POLICE LINE - 수사 중

4장
과학 수사 요원이 될 거야

# 과학 수사를 하는 곳

"얘들아, 너희들 과학 수사 요원이 되고 싶다고 했지?"

"네, 꼭 되고 싶어요!"

홈스 박사의 질문에 어린이 탐정단이 한목소리로 대답했다.

"그래, 너희들이 꿈을 꼭 이루어 훌륭한 과학 수사 요원이 되길 바랄게. 요즘 과학 수사는 첨단 과학 기술이 범죄 수사와 만나서 급격하게 전문화되고 다양화되었어. 옛날에는 상상할 수 없었던 기술들이 과학 수사에 사용되어 많은 사건을 해결하고 있지. 또 과학 수사 분야도 굉장히 다양해졌어. 오늘날에는 범인을 잡아도 객관적인 과학적 감정 결과가 있어야만 범인으로 인정하는 시대가 되어서 과학 수사는 아무리 강조해도 지나치지 않아. 바로 이런 이유 때문에 유능한 과학 수사 요원이 필요하단다."

"박사님, 과학 수사는 어디에서 담당하나요?"

홈스 박사의 말을 진지하게 듣던 씩씩이가 물었다.

"과학 수사는 여러 기관에서 담당하고 있어. 보통 국립과학수사연구원을 생각할 수 있지. 국립과학수사연구원은 우리나라의 유일한 종합 과학 수사 연구 기관이야. 국립과학수사연구원에서는 경찰에서 의뢰한 각종 증거물을 각 분

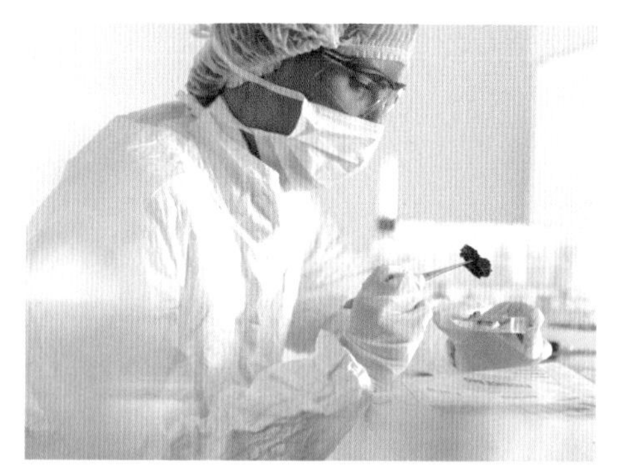
과학 수사 연구원이 방화 현장의 증거를 분석하고 있다.

야별 전문가들이 분석하여 범죄 사실을 증명하고 있지. 그리고 경찰은 범죄 현장 분석, 미세 증거물 분석, 범죄 분석(프로파일링) 등 범죄와 관련된 다양한 분야에서 과학 수사를 하고 있어. 국방부에는 군대에서 일어난 범죄를 수사하는 국방부 과학수사연구소가 있고, 대검찰청에는 과학 수사부가 있어서 범죄 수사의 증거물을 분석하고 있어. 이처럼 여러 기관에서 과학 수사를 하고 있단다."

"많은 곳에서 과학 수사를 하고 있네요."

**과학 수사 모습**

범죄 현장 사진 찍기

미세 증거물 분석하기

증거물 채취하기

범인의 행동반경 분석하기

유골 분석하기

# 국립과학수사연구원에서 하는 일

"국립과학수사연구원에서 하는 일에 대해 좀 더 자세히 알려 주세요."

"국립과학수사연구원은 과학 수사에 대한 종합적인 감정을 하는 대표적인 과학 수사 전문 기관이야. 이곳에서는 각종 범죄 현장에서 찾은 다양한 증거물을 분석하여 범죄 수사에 기여하고 있지. 어떤 일을 하는지 각 분야별로 알아보자."

"네, 잘 듣고 그중에서 제가 하고 싶은 일을 생각해 볼래요."

"그래. 국립과학수사연구원은 역사가 60년이 넘어서 우리나라 과학 수사의 역사를 그대로 대표하고 있어. 법의학, 유전자 분석, 독성학, 화학, 물리, 교통사고, 범죄 심리, 디지털 분석 등 다양한 분야에서 박사급 연구원이 많이 일하고 있단다."

"헉, 과학 수사 연구원이 되려면 박사가 될 때까지 공부를 많이 해야 하는군요."

씩씩이가 시무룩해져 말하자 홈스 박사가 씩씩이를 보며 빙그레 웃었다.

"자기가 관심 있는 분야의 공부는 재미있게 할 수 있단다."

"음, 저는 체육 시간이 좋아요. 운동하는 걸 좋아하거든요."

"과학 수사를 위한 공부도 알고 보면 참 재미있어. 그럼 국립과학수사연구원의 각 분야를 하나씩 알아볼까? 우선 부검을 하는 법의학 분야가 있어. 부검은 죽은 사람의 몸을 해부해서 검사하는 것을 말하는데, 법의학 분야에서는 부검을 통해 죽음의 종류, 죽은 원인, 죽은 뒤 경과 시간 등 죽음과 관련된 것을 과학적으로 밝히지."

"어휴, 부검이라니 무서운 생각이 들어요. 부검하는 사람은 그 무서운 것을 어떻게 참고 하지요?"

꼼꼼이는 고개를 흔들며 몸을 움츠렸다.

"무섭긴. 무섭다고 생각하면 아무것도 못해. 죽음의 원인을 밝히는 일을 하는데 그 정도는 극복해야지."

"부검은 억울한 죽음의 진실을 밝혀내는 일일 수도 있겠어요."

똑똑이가 주먹을 불끈 쥐며 말했다.

"그렇지. 다음은 유전자 분석 분야인데, 1990년대 초반에 도입되어 그동안 수많은 사건을 해결한 일등 공로 분야야. 각종 사건 현장에서 수거한 증거물에서 나온 유전자를 분석하여 범인을 확인하고 있지. 그 밖에도 실종

된 아이를 찾는 일과 관련된 데이터베이스를 운영하고, 우리나라의 독립을 위해 애쓴 사람들을 확인하는 일도 하고 있어."

"그동안 유전자 분석으로 해결한 중요한 사건에는 어떤 것이 있어요?"

씩씩이가 호기심 가득한 표정으로 물었다.

"유전자 분석으로 수많은 사건을 처리하기 때문에 매일 중요한 사건들을 처리한다고 할 수 있어. 특히 2003년 대구 지하철 방화 사건에서 죽은 사람들의 신원을 알아냈단다."

"아, 그 사건은 저도 알아요. 정말 안타까웠어요."

"다음은 디지털 분석 분야인데, 최근에 CCTV가 늘어나면서 관심을 많이 받는 분야란다. CCTV 영상을 비롯한 각종 영상에 대한 분석, 감정, 복원 및 문서와 필적의 위조나 변조 여부, 휴대 전화·하드 디스크·메모리 카드 등 각종 디지털 증거에 대한 복원, 복구 등의 일을 하고 있어."

"디지털 분석 분야에서도 많은 일을 하네요."

"그리고 다음은 독성학 분야야. 죽은 사람에게서 채취한 각종 샘플과 현장에서 찾은 증거물에서 약물이나 독물이 검출되는지를 분석하는 분야지. 약물, 독물 분석은 죽음의 원인을 밝히는 데 아주 중요해. 또 마약류 등 법률적으로 규제하는 물질들도 감정하고 있어. 그리고 화학 분석 분야는 혈액 속의 알코올 농도 측정, 미세 증거물 감정,

과학 수사 연구원이 혈액을 분석하고 있다.

화학적 분석을 통한 동일성 여부 등을 감정한단다."

"여기까지만 들어도 엄청난 일을 하는 것 같아요."

똑똑이가 흥미진진하다는 듯이 말했다.

"물리 분석 분야도 있어. 물리적, 공학적 지식을 바탕으로 각종 사고 및 범죄 사건을 분석하는 곳이지. 공구를 사용해 생긴 흔적의 감정, 화재 사고, 총기 사고 등의 감정을 담당해. 그리고 교통 공학 분야는 사고 현장 조사 및 교통사고에서 수집된 각종 증거물의 해석과 분석을 통해 사고의 원인을 밝히는 곳이야. 마지막으로 범죄 심리 분야가 있는데, 진술의 진위 여부를 감정하고 범죄자와 피해자의 심리를 연구한단다. 최면으로 기억을 재생하는 최면 검사와 범인이 거짓말을 하는지 여부를 검사하는 거짓말 탐지 검사 등을 하고 있어."

"음, 저는 범죄 심리를 연구하고 싶어요."

"그래, 꼼꼼이 너는 차분하고 꼼꼼해서 잘 해낼 거야."

홈스 박사의 말에 꼼꼼이는 활짝 웃었다.

## 과학 수사의 미래

"지난 몇십 년 동안 과학 수사 분야는 엄청나게 변했는데 요즘엔 그 변화 속도가 **더 빨라지고 있어.** 아마도 앞으로 10년, 20년 후에는 엄청난 일들이 일어날 거야. 앞으로는 정보 기술(IT), 생명 공학(BT), 마이크로 기술 등 첨단 과학 기술들이 과학 수사 분야에 접목되어 예전에는 상상할 수 없었던 일들이 실현될 거야. 유전자 분석 분야는 미래에도 범인을 밝히는 데 매우 중요한 역할을 할 텐데, 분석 시간이 지금보다 훨씬 짧아지고 자동화, 소형화 및 다양화되어서 범죄 현장에서도 간편하게 유전자를 분석할 수 있는 날이 곧 올 거야. 그렇게 되면 현장에서 바로 범인의 유전자를 분석하고, 이 자료를 바로 데이터베이스와 연결해 범인을 찾을 수 있지. 그리고 유전자를 분석하여 범인의 얼굴을 추정해 몽타주를 만드는 기술도 개발되어 해결하지 못하는 사건을 줄일 수 있을 거야."

"와, 듣고만 있어도 머리가 복잡해요."

"하하, 그렇지? 그뿐만이 아니야. 디지털 분야에서는 각종 영상들이 실시간으로 전송되고 분석되어 범죄를 보다 빠르게 해결하고, 범인을 실시간으로 식별하는 얼굴 인식 기술과 같은 첨단 기술들이 개발되어 사용될 거야. 또 미래에는 특수한 장비를 이용해 시체를 검사해서 칼을 대지 않고도 죽음의 원인을 밝힐 수 있을 거야."

"그렇게 되면 범인이 숨을 곳이 없겠는데요?"

"그렇지. 이런 일들이 하루빨리 실현되어서 범죄 없는 안전한 세상이 되면 좋겠구나!"

"미래에는 범죄 현장도 많이 변할 것 같아요."

"당연하지. 범죄 현장과 실험실의 구분이 점점 없어져서 범죄 현장이 곧 실험실이 될 날이 멀지 않았어. 각종 분석 장비를 실은 차량이 범죄 현장을 누비고, 잘 발달된 통신망으로 아주 빠르게 모든 결과들을 실시간으로 주고받아 사건을 정확하고 신속하게 해결할 수 있게 될 거야."

"미래의 모습이 어떻게 변할지 벌써부터 기대돼요."

"그 미래는 너희들이 만드는 거야. 몇 년 뒤에는 똑똑이, 씩씩이, 꼼꼼이가 분석 장비를 실은 차를 타고 범죄 현장을 누비고 있을지도 모르겠구나."

"그렇게 될 상상을 하니 정말 흥분돼요!"

# 사건을 조사하자

"얘들아, 이제 실제 사건을 조사해 볼까? 간단한 사건 현장을 보여 줄 테니까 어떻게 현장을 조사할지 너희들이 스스로 생각해서 해 보자."

"재미있겠다. 저희들이 실력을 발휘해 볼게요."

똑똑이가 자신 있다는 듯이 힘주어 말했다.

홈스 박사가 어린이 탐정단을 다른 곳으로 데려갔다. 그곳은 여러 범죄 사건 현장을 세트로 만들어 놓고 과학 수사 요원들이 실습하는 곳이었다.

"자, 여기는 절도 사건이 일어난 현장을 재현한 곳이야. 한밤중에 범인이 알 수 없는 공구로 단독 주택의 창문을 뜯어낸 뒤 침입했어. 그런데 잠자던 주인이 깨어나 범인과 심하게 싸우다가 둘 다 상처를 입고 범인은 현관문을 열고 도망갔지. 현장에는 범인과 피해자가 흘린 피가 일부 떨어져 있었어. 당시에 피해자가 가까스로 정신을 차리고 너희들에게 신고했

다고 가정해 보자. 자! 지금부터 너희들이 과학 수사대라고 생각하고 현장을 조사해 보렴."

"현장이 참 복잡하네요. 현장을 조사하기 전에 먼저 조사할 때 필요한 물건을 챙겨야 할 것 같아요. 저희들은 무엇을 **준비해야** 할까요?"

똑똑이가 현장을 이리저리 둘러보며 물었다.

"사진 촬영을 위한 장비, 일회용 실험복, 장갑, 각종 실험을 위한 시약, 증거물 채취 도구 등을 준비해야 해. 현장마다 약간 다른 장비가 필요하지만 특별한 것 빼고는 모두 미리 준비하고 있어야 하지."

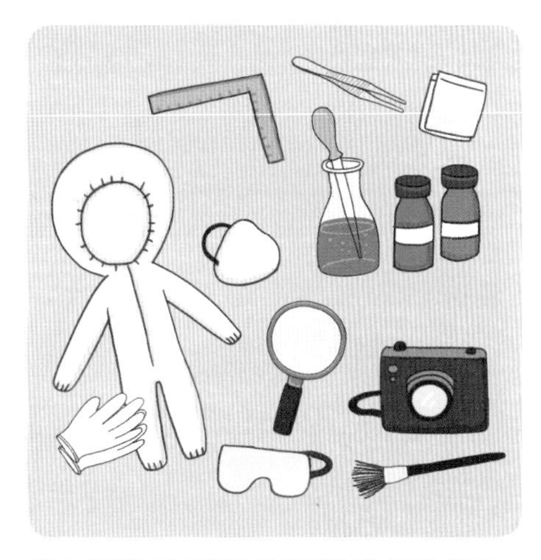

사건 현장을 조사하기 전 챙겨야 할 물건들이다.

"사건 현장에 도착하면 우선 전체적인 상황을 파악해야 할 것 같아요."

"그렇지. 아주 중요하고도 당연한 거야. 사건 현장에 처음 접근할 때가 가장 중요해. 현장에 있는 모든 증거물들을 오염되지 않게 잘 보존하고 채취해야 하니까 말이야. 철저한 계획 없이 무턱대고 현장에 들어가면 중요한 단서가 될 발자국이나 혈흔 같은 증거물을 망가뜨릴 수 있고 자신의 땀이나 머리카락을 현장에 떨어뜨려 수사에 중대한 **혼란**을 줄 수 있어. 괜히 실수해서 범인으로 오해받지 말라고!"

"네, 현장에서는 정말 조심해야겠어요."

"그래, 그래서 사건 현장에 들어가기 전에는 계획을 세워야 해. '현장에 도착한 후 10분간이 전체 수사의 성패를 좌우한다.'라는 말이 있어. 또 사건 현장에 대해 전체적으로 꼼꼼하게 기록하는 것도 잊지 말아야 하고. '기록이 없으면 일어나지 않은 것이다.'라는 말이 있단다. 기록의 중요성을 강조한 말로, 기록하지 않으면 일어나지 않은 것과 같다는 말이야."

"박사님 말처럼 먼저 사건 현장을 철저하게 기록한 뒤에 조사해야겠어요. 어떤 순서로 조사할지 미리 계획도 세우고요."

탐정단은 사건 현장을 자세히 살펴 가며 열심히 계획을 세웠다.

"이제 다 같이 사건을 조사해 볼까? 우선 증거가 될 만한 것을 찾는 게 중요해. 가장 주목할 점은 창문이 뜯어진 것과 범인과 피해자 모두 상처를 입었다는 사실이야. 이것과 관련해 어떤 증거를 찾을 수 있을까?"

"창문을 뜯을 때 생긴 공구의 흔적을 채취할 수 있고, 범인도 피를 흘렸으니까 혈액을 채취해서 범인의 유전자를 분석할 수 있을 것 같아요."

꼼꼼이가 홈스 박사의 질문에 먼저 대답했다.

"꼼꼼이가 잘 알고 있구나. 그래, 가장 중요한 것은 범인이 누구인지를 확인하는 거지. 그래서 현장에서 범인의 것으로 보이는 혈액을 채취하고, 머리카락과 같은 다른 증거물을 채취하는 것이 중요해. 증거물 채취가 중요하다고 현장에 바로 들어가면 안 되고 집 주변을 먼저 조사한 후에 들어가는 게 좋아."

"범인이 침입한 경로를 살피며 신발 자국 같은 범인과 관련된 증거를 확보하고, 범인이 상처를 입고 도망가면서 피를 흘렸을 수도 있으니까 주변을 꼼꼼히 조사해야겠어요."

홈스 박사의 말에 이어 씩씩이가 제법 탐정답게 말했다.

"집 주변을 다 조사하면 집 안으로 들어가 조사해야 해요. 이때 현관문의 손잡이에 범인의 세포가 묻어 있을 수 있으니까 먼저 손잡이를 확인한 후 조심스럽게 접근해야 해요. 그리고 집 안은 싸움 때문에 매우 복잡하니까 먼저 어디에서부터 어떻게 조사할지 계획을 세우고 체계적으로 접근해야 할 것 같아요."

똑똑이도 또박또박 말했다.

"그래, 다들 배운 대로 잘하고 있구나. 이제 본격적으로 사건 현장을 조사해 보자."

"얘들아, 우리 셋이 서로 역할을 나누어서 조사하면 어떨까?"

씩씩이의 제안에 똑똑이와 꼼꼼이가 고개를 끄덕였다.

"나와 꼼꼼이는 증거물을 찾고, 똑똑이는 현장 사진을 찍고 기록을 해

주면 좋겠어."

"그래, 알았어."

"똑똑아, 전체적으로 현장 사진을 찍고 기록해 줘. 특히 발자국과 지문 등 중요한 부분은 좀 더 자세히 찍어 줘. 실수하면 중요한 증거를 망가뜨리거나 놓칠 수 있으니까 하나하나 차분히 조사하자. 그리고 증거물을 하나씩 채취할 때마다 증거물 번호와 종류를 기록하고, 누가 어디에서 채취했는지도 정확하게 기록하자고."

어린이 탐정단은 차분히 현장을 조사하여 증거물을 채취해 비닐봉지에 넣고 비닐봉지 표면에는 사건명, 증거물명, 특징, 날짜, 채취자, 장소 등을 기록했다. 또 기록지에는 현장 및 증거물 관련 사항을 꼼꼼하게 적었다.

"자, 이제 기본적인 조사는 다 한 것 같구나. 모두 꼼꼼하게 잘했어. 과학 수사관이 되어 보니 어때?"

"재미있었어요. 그런데 생각보다 힘드네요. 실제 현장은 더 복잡하고 힘들겠죠?"

"그렇단다. 그래서 과학 수사대 조사관들은 현장 감식을 실수 없이 하도

록 끊임없이 훈련하고 있어. 반복적인 훈련과 과학 수사에 대한 끊임없는 노력이 있어야 유능한 과학 수사 요원이 될 수 있단다. 사건 현장에서 실수는 용납되지 않거든. 사건 현장에서는 숨겨진 증거를 찾는 예리한 눈이 필요해. 또 경험도 많아야 하고 여러 분야의 지식이 필요하지. 사건 현장에서는 아는 만큼 보이거든. 그러니까 너희들도 앞으로 훌륭한 과학 수사 요원이 되려면 열심히 공부해야겠지?"

"네, 잘 알겠습니다. 저희 어린이 탐정단은 이제부터 박사님 말씀을 명심하고 과학 수사에 기초가 되는 공부를 열심히 할게요."

"언제든지 궁금한 게 있으면 박사님께 여쭈어 봐도 될까요?"

"물론이지. 미래의 과학 수사 요원들에게 미리 점수 좀 따야겠구나. 허허."

어린이 탐정단은 홈스 박사에게 인사하고 사무실을 나와 커다란 꿈을 품고 집으로 돌아갔다.

## 국립과학수사연구원은 어떤 기관일까?

A | 국립과학수사연구원은 범죄 수사, 사건, 사고와 관련된 것을 과학적으로 감정하고 연구하는 기관이다. 국립과학수사연구원에서는 범죄 수사 증거물에 대한 과학적 감정과 연구 활동으로 사건을 해결하고 범인을 잡을 수 있도록 지원한다. 국립과학수사연구원은 1955년 설립된 이후 삼풍 백화점 붕괴 사고와 KAL기 괌 추락 사고 등 많은 사건, 사고를 해결하는 데 중요한 역할을 했다.

## 범죄 심리학이란 무엇일까?

A | 범죄자를 보다 잘 이해하기 위해 범죄자에 대한 여러 가지 사실을 수집하고 정리하여 범죄자의 심리를 밝히는 학문을 범죄 심리학이라고 한다. 범죄자가 저지르는 범죄는 범죄자의 성격, 지능 같은 특징과 성장 배경, 환경이나 사회적 구조 등 다양한 요인이 복잡하게 얽혀서 발생한다. 범죄 심리학은 범죄 수사와 범죄 예방에 도움을 주고 범죄자가 다시 범죄를 저지르지 않고 바르게 살 수 있도록 돕는 것을 목적으로 한다. 심리학이 발전하면서 범죄를 연구하는 학문 전반에 심리학적인 방법이 사용되고 있다.

6학년 2학기 사회 1. 우리나라의 민주 정치

## 범인은 어떻게 처벌할까?

과학 수사를 통해 범인이 밝혀지면 법에서 정한 대로 범인을 처벌한다. 법의 가장 중요한 기능은 사람들 사이에서 생기는 크고 작은 다툼을 객관적이고 공정하게 해결하는 것이다. 그래서 죄를 지은 사람에게는 법에 따라 죄의 가볍고 무거운 정도를 판단해 정해진 형벌을 부과한다. 그렇기 때문에 어떤 사람이 죄를 지었어도 만약 법으로 정한 규정이 없다면 처벌을 받지 않는다.

## 법은 모든 나라에 있을까?

법은 국가에서 많은 사람들이 함께 지키기로 약속하고 만든 규칙이다. 현대 국가에는 모두 법이 있다. 법을 글자로 적어 만든 법전이 있는 나라를 성문법 국가라고 한다. 반면 법전이 없는 나라를 불문법 국가라고 한다. 불문법 국가에는 법전이 없지만 관습, 규칙 등이 법의 기능을 하고 있다.
법은 사람들 사이에서 다툼이 생길 때 기준이 되어 갈등을 해결하고 통제하여 사회 질서를 지켜 준다. 또 사람들의 자유와 권리를 보장하고, 사람들이 편안하고 행복한 삶을 살 수 있도록 도와준다.

# 핵심 용어

### 거짓말 탐지기
사람이 거짓말을 할 때 일어나는 호흡, 심장 박동, 혈압 등의 변화를 기록해 말하는 사람이 참말을 하는지 거짓말을 하는지 알아내는 기계.

### 과학 수사
범죄 수사에 과학적 지식과 기술, 장비를 이용하는 수사 방법.

### 국립과학수사연구원
범죄 수사 현장에서 확보한 증거물을 과학적으로 감정하고 연구하여 사건을 해결하고 범인을 잡을 수 있도록 지원하는 국가 기관.

### 데이터베이스
어떤 주제에 관한 정보를 체계적으로 모아 놓은 것으로, 보통 컴퓨터에 저장함.

### 독물
독이 들어 있는 물질.

### 루미놀
혈액과 반응하면 파란 형광을 내서 혈흔의 감식에 이용하는 약품.

### 맥박
심장의 박동으로 심장에서 나오는 피가 얇은 피부에 분포되어 있는 동맥의 벽에 닿아서 생기는 주기적인 파동. 맥박의 빠르기나 세기로 심장의 상태를 알 수 있음.

### 모소피 무늬
털의 가장 바깥층인 표면의 무늬로, 맨눈으로 볼 수 없고 현미경으로 확대해서 볼 수 있음. 사람의 모소피 무늬는 물고기의 비늘처럼 층을 이루고 있음.

### 미세 증거물
범죄 현장에서 수집한 눈에 잘 보이지 않는 아주 작은 증거물로, 머리카락, 섬유, 흙, 시멘트, 유리 파편 등이 있음.

### 법의학
의학을 기초로 하여 법률적으로 중요한 사실 관계를 연구하고 해석하며 감정하는 학문. 살인에 대한 사인 규명, 범행 시각 판정, 혈액형에 의한 친자 감정과 같이 재판상의 사실 인정을 위한 증거를 채집하는 것을 임무로 함.

### 부검
사람이 죽은 원인을 알아보기 위해 시신을 해부해서 검사하는 일.

### 섬유
직물의 원료가 되는 가늘고 긴 물질로, 크게 천연 섬유와 인공 섬유로 나뉨. 천연 섬유에는 식물 섬유, 동물 섬유, 광물 섬유가 있음.

### 세포
생물체를 이루는 기본 단위로, 우리 몸은 약 60조 개의 세포로 이루어져 있음.

### 유전자
유전 정보를 담고 있는 물질. 생식 세포를 통해 어버이로부터 자손에게 유전 정보를 전달함. 유전자를 분석하면 개인의 고유한 유전자형을 알 수 있음.

### 유전자은행
과학 수사 분야에서는 범죄 현장에서 수거된 증거물에서 나온 유전자형과 범죄를 저지른 범죄자들의 유전자형을 데이터베이스에 입력해서 관리하는 시스템을 말함.

### 유전자형
생물이 가지고 있는 특정한 유전자의 조합. DNA에서 반복되는 염기 배열의 모양으로 개인마다 달라서 개인을 식별하는 데 쓰임.

### 음성 분석
녹음한 음성을 음성 분석 장치에 넣어 화면에 나타나는 음성의 무늬를 비교하여 분석하는 것.

### 증거
범죄와 관련된 사실을 밝힐 수 있는 모든 것으로, 물적 증거와 인적 증거로 나뉨. 물적 증거는 혈액, 머리카락처럼 형태가 있는 증거이고, 인적 증거는 피해자나 목격자의 증언처럼 말로 표현된 증거임.

### 지문
손가락 끝마디 안쪽에 있는 살갗의 무늬로, 사람마다 모양이 달라서 지문으로 사람을 식별할 수 있음.

### 플랑크톤
물속에서 떠다니는 아주 작은 생물을 통틀어 이르는 말.

### 허파 꽈리
폐에 있는 기관지 끝에 포도송이처럼 달려 있는 자루로, 숨을 쉴 때 가스를 교환하는 작용을 함.

### 현미경
눈으로 볼 수 없을 만큼 작은 물체나 물질을 확대해서 보는 기구.

### DNA
유전자의 본체로, 모든 생물의 세포 속에 들어 있음. DNA의 특정 부위에 유전자가 있어서 생물의 특징을 결정하는 고유한 유전 정보를 담고 있음.

일러두기

1. 띄어쓰기는 국립국어원에서 펴낸 「표준국어대사전」을 기준으로 삼았습니다.

2. 외국 인명, 지명은 국립국어원의 「외래어 표기 용례집」을 따랐습니다.